4ヶ月のコロ

コロちゃんサンタのクリスマス

「花王ペットケア」のCM

女優犬瑞穂

コロちゃん女優になる

川村 良
ちえ子

文芸社

はじめに

ペットを飼っている人なら誰しも自分のペットが一番可愛いと思っていることでしょう。顔の可愛さはもちろんですが、どんなに遅く帰っても玄関先にシッポを振って迎えてくれたり、またあの澄んだ目でジッと見つめられたりするとたまらなくいとおしいものです。そんなあなたのペットにテレビや雑誌から出演依頼が来たらどうしますか？　一度でもいいから出してみたいと思うのが正直な気持ちではないでしょうか。

ハムスターの代わりとして我が家にやってきた柴犬のコロちゃんがある日突然女優犬『瑞穂』としてデビューする事になりました。うちの可愛いコロちゃんをもっとたくさんの人に見て欲しい、親ばかな私達の軽い気持ちから芸能界でお仕事をさせてもらうことになったのです。きのうまで普通の家庭犬として飼われていたコロ自身いったい何が起きたのかわからず、最初は不安でいっぱいだったでしょう。そして飼い主の私達も芸能界という未知の世界でわからないことばかりで手探り状態でした。

しかし、本当のところコロ自身はどう考えているのでしょうか。彼女には彼女の言い分があるはずです。飼い主に従順で決して逆らわない何処にでもいるような柴犬のコロが実は家族の事、世の中の事を一番冷静に観察しているような気がしてならないのです。そんなコロの本心をいつか聞いてみたいと思っていましたので、この本はコロの視点から書いてみました。

これからペットスターを目指している方にはほんの少しでも参考になれば嬉しいですし、犬を育てる事は子育てと通じるところがありますので、子育て中のお母さんたちにも一息つけるそんな本になれたらいいなと思っています。

川村良・ちえ子

コロちゃん女優になる◎目次

1 ジャンボハムスター

私は「コロ」、柴犬の女の子です。女の子なのに、コロって変ですって？　おだまり！　私を誰だと思っているの。私はただの柴犬じゃないのよ。その辺にいる目が小さくて、ちょっと顔が丸くって、飼い主には忠実なだけが取り得の柴犬と一緒にしないで！　なあんてちょっと鼻息が荒いかしら。実は私、女優なの。そう、じ・ょ・ゆ・う。テレビとかでよく見かけるでしょ。切なそうな目をして、もうそれだけで人を惹きつけてしまうような、すっごい存在感のある犬。私は今、第一線でがんばっている現役バリバリの柴犬です。

第一線でがんばっているという言い方は鼻持ちならないかしら。でも、これは私の心意気みたいなものでもあるの。私は最近人気のあった高岡早紀さん主演の『ハッピー2』にクッキーとして出演したこともあるし、ＫｉｎＫｉ Ｋｉｄｓのプロモーション・ビデオにも出たことがあるのね。だからって油断はしていられない。コロに続けって、次なるスターを目指して、どんどんつわものたちが現れてきているから。おちおちしてはいられないわ。私だってうっかりしていたら、すぐ「あの犬は今」シリーズの常連になりかねない。

芸能界は厳しいのよ。だから、私は私なりに第一線でがんばっていると思うことで自分の気持ちを昂ぶらせるという訳。私のプロ意識ってところかしら。

あ、でも、女優の私は「瑞穂」っていうの。きれいな名前でしょ。もちろんコロっていう名前は赤ちゃんの時から慣れ親しんでいる名前だから、とても気にいっている。かわいいじゃない。コロって語感が。

でも「瑞穂」って呼ばれた途端私は変わるの。プロの女優として背筋が伸びて、しゃんとした気持ちになる。よく言うじゃない。女優さんがルージュをひくと自然と表情が締まって、顔つきまで変わるって。私もそう。「瑞穂」って言われると、自然と態度まで毅然としてくる。二つも名前があるっていうのは、私が神様に選ばれし犬だから。なあんてうぬぼれが強いかしら。うぬぼれが強いくらいじゃないと女優にはなれないわ。でも、誤解しないで。私は初めから女優を目指していた訳じゃないの。パパやママだって同じ。たまたま私が女優向きの性格だったから、なんとなくそうなっちゃった。だって女優にしたかったたら、いくらなんでも「コロ」なんて名前にしなかったと思うわ。かわいいけど、ちょっとヒネリがたらないでしょ。第一女の子っぽくないもの。

私が女優になれたのはパパとママに出逢えたから。私の「犬生」？の中でもっとも大切な出逢い。懐かしいなあ。

それは、ある晴れた日のこと。ペットショップにひとりの女の人がやってきたの。何でも飼ったばかりのハムスターが死んでしまったらしく、その代わりを探しにお店を覗きに来ていたとか。その女の人はしばらくハムスターを眺めていたの。そのうちぱっと私と目が合って、私の前にやってきて、意を決したように一言、

「この大きなハムスターをください‼」

そう、これがママと私の運命の出逢い。すごいでしょ。ママったら、私をハムスターと間違えたんですって。私の毛の色が茶色くて、今よりももっと小さかったから、てっきりハムスターだと思ったって。そんな訳ないじゃない。ハムスターはかわいいけれど、私をハムスターと間違えるなんて、失礼にもほどがあるわ。私は平成六年十一月二十二日生まれ、由緒正しい柴犬の女の子。ネズミと一緒にしないで。なあんてね。でも、きっとママと私は運命の赤い糸で結ばれていたんだわ。出逢う運命にあったのよ。それはそれでとっても素敵なことだと思わない。

その後、ママは私をお家に連れて行ってくれたの。ペットショップでの生活は窮屈だったし、一日中色々な人に触られてすっごい疲れるのね。私はそうでもなかったけど、他のお友達なんかは疲れてぐったりしちゃうこともあるほど。ま、どっちにしてもすっごい幸せな気分になれる訳ではないから、そこから解放されてラッキー！　と思ったわ。でもそ

の喜びもつかの間。なんと私はすぐにケージに入れられて、しかも上から毛布までかけられて。信じられない。私は真っ暗なところにひとりぼっちにされたのヨ。なんだかとても心細かった。怖いよう、淋しいよう。でも、そのうち小さい女の子と大きい女の子がかわりばんこに私を覗きに来たの。この女の子は二人ともママのお家のおねえちゃん。私は小さいおねえちゃん、大きいおねえちゃん、と呼んでいます。おねえちゃんたちはケージにかけられた毛布を持ち上げて、私を覗き込んでは二人でヒソヒソ、ソワソワ。もう、私に触りたくて仕方がないって感じ。でもなぜか二人とも手を伸ばしてくれなかったの。ねえねえ。なんで触ってくれないの。私はひとりぼっちなの。触ってくれるだけで安心できるのに。

そして夜。今度は大きな男の人が外から帰って来ました。

「おっ、な、な、なんだこりゃ。今度はずいぶん大きなハムスターだな」

ママの旦那さん、パパは私を見てそう言ったの。そう。ママはパパに内緒で私を飼ってしまったんですって。でもパパ、私はれっきとした柴犬よ。まったく。パパもママもそそっかしいんだから。でもそそっかしいおかげでパパとママのお家の子になれたんだから感謝しなくちゃ。ママが初めから私を柴犬だと思っていたら、私の女優生活もあり得なかったかもね。そうなれば日本の芸能界の重大な損失だわ。なあんてね。でもそのパパも私を覗き込むだけだったの。せっかく新しいパパとママができて喜んだのに、ついに誰一人私を触ってくれなかった。エーン。みんなから離れたところに、それもあんな暗いところにひとり閉じ込められてすっごい淋しかったんだから。あの時はパパとママに私の気持ちが伝わらないことを恨んだわ。女優となった今では、目だけで気持ちを伝えることもできるけど。フフ。すっごい自信過剰。

今でこそ私は女優、スター。だから人にはかわいがってもらえるっていう自信があるの。そりゃそうでしょ。かわいがってもらえない女優なんて、惨めよね。でも、あの時はまだ小さくって、純朴だったから、みんながなかなか私を構ってくれなかったことは、私のことが嫌いなのかと心配になっちゃったし、とても淋しかった。家族に嫌われている犬なんて考えただけでも悲惨でしょ。路頭に迷って、野犬になってやる。ぐれてやる。へへ、今度はちょっとエキセントリックな役で演じてみました。

でも後で分かったことだけど、パパもママもおねえちゃんたちも本当は早く私と遊びたかったんですって。ただね、私の前に飼われていたハムスターがお家に連れて来られてすぐに死んでしまったらしいの。かわいそうに。パパたちはその理由を環境が変わったばかりのハムスターをみんなですぐ触ったからだと思っているのね、今でも。それで私の時は気をつけようって、みんな私に触りたくても、じーっと我慢していたって訳。かわいいハムスターが死んだから、少し神経質になりすぎていたのね。でも、言っておくけど、私をハムスターといっしょにしないで！　だって私はお犬様、グッ、古い。これはおじいちゃんとか、おばあちゃんじゃないと分からないかな。とにかく、私はハムスターほどヤワじゃないわ。ちなみに私はハムスターが嫌いではありません。かわいいと思っているわ。私とハムスター君の名誉のために付け加えておくわね。

私がみんなと仲良くなるきっかけを作ってくれたのは小さいおねえちゃん。おねえちゃんは「一週間は犬と遊ばないでください」っていう、ペットショップの人との約束を勇気ある行動で破ってくれたの。私がお家に連れてこられて四日目のことだったわ。おねえちゃんはゴソゴソと、もう我慢できなくなって、とうとう私のケージの中にはいってきちゃったんだもの。嬉しかった。おねえちゃん、ありがと！　おねえちゃんの掟破りが私に幸せをもたらしてくれたのね。クッー。瑞穂感涙にむせぶシーン。なあんてね（写真1）。

私はまだ赤ちゃんのうちに私を生んでくれたママから離されてペットショップに連れていかれたの。だから初めは何が起きたのかよく分からなかったけれど、それでもペットショップの生活にも少し慣れ始めて。そんな時にまたまた新しいママのお家に連れてこられたから、本当のことを言えば不安。これからどうなるんだろう。どんな家族なんだろう。ネネ、それって分かってくれるでしょ。犬ってすっごい感受性が豊かなのよ。でも、そん

写真１　ケージ内のコロと小さいお姉ちゃん

な風にしていてもお家にはすぐ慣れたわ。それとパパやママ、そしておねえちゃんたちのことはすぐ好きになれたから、できればすぐ遊んで欲しかったな。

小さなおねえちゃんの冒険によって私はみんなと仲良しに。そうやっぱり私は人気者じゃなくちゃいけないわ。この頃から人気稼業につく素質があったのね。人気者で行こう、って感じかな。で、今度はみんなで私の名前をどうするか相談し始めたの。名は体を表すって言うじゃない。とっても大事よね。リリーとかルカとか、姫なんていうのも素敵かな。ところが私についた名前は「コロ」。コロコロしているからって、お姉ちゃんたちが考えてくれたの。ありがちね、チビとかシロとか。でも私はいけてるって思った。かわいいじゃない、コロって。

飼い主から：家に連れてこられた初めの日は、仔犬にとって非常に不安なものです。特に新しい環境に慣れていないうちに人間のペースで遊ぶのは仔犬には過度の負担になります。注意しないと「死」に至るということを飼い主は肝に銘じておく必要がありますす。最近は色々な本や雑誌などで動物の飼い方などを簡単に調べることができるので、詳しい情報が手に入ります。私もハムスターを飼った時には事前に調べたことを十分子供に説明しました。しかし子供にしても分かっていながら、かわいさに負けてつい触ってしまうのです。私の知人でも仔犬を飼った時、あまりにもかわいいので約束を守らずにすぐに仔犬と遊んでしまい大変なことになった人がいます。その仔犬はその後約一週間入院することに。しかも一時は危篤状態になり、「今晩が山です」とまで言われたそうです。幸いにも回復して、その後は元気に家に帰ってきたのですが、治療費も相当なものだったようです。家に来てすぐにいっしょに遊ぶなどというのはもっての外ですが、毎日様子をみながら少しずつ接点を持つようにしていけばコロももっと安心できたのではないかと思いました。大人がしっかりと指導していきながら上手に仔犬と接していくことが大切だと感じました。それと将来俳優犬になれるかどうかについては、仔犬の時にはまだ分かりません。その後の性格や得意、不得意など、成長するにつれていろいろ変わってくるからです。当然向き、不向きも生まれるでしょう。人間の子育てと同じです。小さい頃は、ただ愛情をもって育ててあげればそれで十分だと思います。

2 マンション住まいの私

みんなと仲良くなれてペットとしての私の生活は順風満帆にスタートを切ることができたの。飼い主にかわいがられてこそ、私たち動物の幸せな生活があるんだと思うわ。その点、私はママと運命的な出逢いをしただけあって、パパの家族とは相性がよかったのよ。これは人間にも言えることじゃないかしら。フィーリングが合うってことはとても大切なことよね。相性が悪いとどんなにがんばっても限界があるもの。それは女優をしていても言えること。監督さんや俳優さんたちとの相性が悪かったら、最悪。撮影現場のチームワークがうまくいって、はじめていいものが撮れるんだと思うわ。おかげ様で私の場合、仕事をしている中で相性が悪かった人はひとりもいない。これも才能のうちかしら？　もちろん、相手が犬となれば話は別だけど……。

でね、パパのお家は居心地もよかったの。今は一戸建てに住んでいるんだけど、初めはマンションの五階。間取りは３ＬＤＫで和室以外はカーペットが敷かれていたの。ここがポイントね。今の流行は床暖房付きのフローリングの床でしょ。え、よく知っているって。

そりゃあ、そうよ。第一線で活躍する女優としては世の中のことにも詳しくないと。そうじゃないと演技しか知らないって言われちゃう。それは私のプライドが許さないわ。

ああ、また語ってしまった。で、なぜカーペットがよかったかっていうと、私たち犬っていうのはついつい爪を立ててしまうもの。だからフローリングだと板張りに傷をつけて、しょっちゅうパパやママに怒られなければならないの。でも仕方のないことなのよ。爪を立てるな、空吠えをするなって言われたって、それはもう犬をやめろって言われているようなものなんだから。で、私はパパとママのはからいでこのお家の中で、畳の部屋以外は自由に歩き回ることができたの(写真2)。それがよかったのね。女王様みたいに振る舞うことで、きっと私の女優としての素質が磨かれたんだわ。女王様と女優。そりゃあ、やっぱり人から持ち上げられるという点で共通項はあるでしょう。かわいいとか、お利口ね、と言われれば悪い気はしないし、人から注目を浴びることで自然と立ち振る舞いが毅然として洗練されていくものだわ。へへ、少し高慢な女の子風に言ってみました。

でもここだけの話ね。小さい頃の私はおしっこ、うんちが我慢できなくて、もよおすと、すぐそこでしちゃったわ。本能の赴くままに。洗練された立ち振る舞いとは程遠いわね。でもみんなは「ケージの中でしなさい」って言ったの。特にパパとママは厳しく、口をすっぱくして。でも、ケージの中には私のベッドがあるからそこではしたくなかったのよ。み

写真2　廊下で上目づかい

んなだってそうでしょ。ベッドの周りはきれいにしておきたいわよね。

そう、ここで一つだけ言わせてもらうわ。犬といっても感情はあるの。嫌なものは嫌。それだけは覚えておいてね。それが人間と犬の共同生活の基本だわ。ちょっと生意気かな。それで私は小さいおつむで必死に考えたの。そりゃ、そうよ。いくら私だって赤ちゃんの時から、今みたいに知恵が発達していた訳じゃないもの。で色々考えて、お部屋の隅っこですることにしたの。あー、すっきり。でも、パパとママはいつもすごい顔で私を怒ったわ。

「あっ、またこんなところにおしっこしてる」

「ああ、今度はこっちでうんちしてる」

私がおしっこや、うんちをするたび家族みんながあっちに走り、おしっこの始末、こっちに走り、うんちの始末と、それはもう家中てんやわんや。そのたびに、私は怒られる、って思ってお部屋の中を逃げ回って。いい運動になりました、ハイ。でもあんまり怒るので頭にきてパパやママの手をかじったこともあるの。なんでそんなに怖い顔で怒るの？　イジワル！　パクッ！

パパとママは普段はとても優しいのよ。私もまだ小さかったし、いつもどおり優しく教えて欲しかったな。叱り付けるんじゃなくてね、優しく手取り、足取りね。アメリカ・インディアンも言っているそうよ。子供を優しい子にしたかったら、親は優しくすべきだって。パパやママが優しくしてくれない時には、それは私だって勝負にでるわ。目には目を、歯には歯を、よ。最近ママに言われるの。ちょっとわがままよって。でも、私思うんだ、少しわがままなくらい自分をもっていないと、厳しい芸能界ではつぶされちゃうわ。まあ、この辺はオフレコってことで。「瑞穂」はクールでおとなしいが売りなんだから。

今でこそ女優が板についていて怖いものなしに近い?私だけど、実はすっごい苦手なものがあるの。それは水。私は水に濡れるのが大嫌い。だから川を泳ぐシーンとか、雨に打たれるシーンは基本的にパスだわ。マネージャー、その辺をしっかりおさえてマネージメントしてちょうだい。なあんてね。だから雨の日のお散歩なんて、気分は最悪。だってかわいいこのおみ足がびしょびしょになっちゃうじゃない（写真3）。

それとお風呂も苦手。私はほとんどお家の中にいるのでそんなに汚れないの。でもママに言わせると一カ月に一回はお風呂に入らなければいけないんですって。ま、仕方ないわね、これも女優の宿命ね。ヒェッ、そんな大それたことじゃないって。最低の身だしなみだよって。あら、そう。ごめんなさい。どっちにしても「お風呂だよ」と言われると、ゾーッ。自然に尻尾が下がっちゃう。勘弁して！　水に濡れて、尻尾まで下がっている姿だけは、絶対誰にも見られたくない。せっかく築き上げた女優の地位が音を立てて崩れていく。あー、でも、そういうと見たくなるものよね。まったく、みんな人の不幸を喜ぶタ

写真3　水嫌いなコロちゃんの３本足ポーズ

イプなんだから（写真4）。

私たち犬は怖い思いをしたり、すごく怒られたり、嫌な思いをした時に尻尾が下がるものなの。時々見かけない？ 道の真ん中で尻尾をだらんとして座り込んだまま動けなくなっちゃっている犬って。私はプライドをもってなるべく尻尾が下がらないようにするけど、でも無理ね。やっぱり怖いと尻尾は下がっちゃうもの。

それは私が初めて経験したクリスマスの夜のことでした。みんなでわいわい騒いで、とても楽しい夜だったの。パパやママ、そしておねえちゃんたち、家族みんなでご馳走を食べて、その後テーブルにケーキが出てきた時。

「パン、パンパン、メリークリスマス、パン、パン」

おねえちゃんたちがクラッカーを次々に鳴らしたのよ。

「うわっ、な、な、なに？ どうしたの⁉ た、た、たすけてー！」

びっくり！ 私は何がなんだか分からなくなっちゃって、もう無我夢中で叫びながらお部屋の中を逃げ回っちゃった。怖い、何、なんで⁉ 私の尻尾はこれ以上ないというほど下がって、それも後ろ足の間に入ってお腹にくっついてしまうほど。だって本当にすごい音だったんだもの。それ以来、「パン」という音がしただけで、キャー、もうだめ。コロ脱兎のごとく走る。お散歩に行っていても花火の音が聞こえると一目散にお家に。途中に車

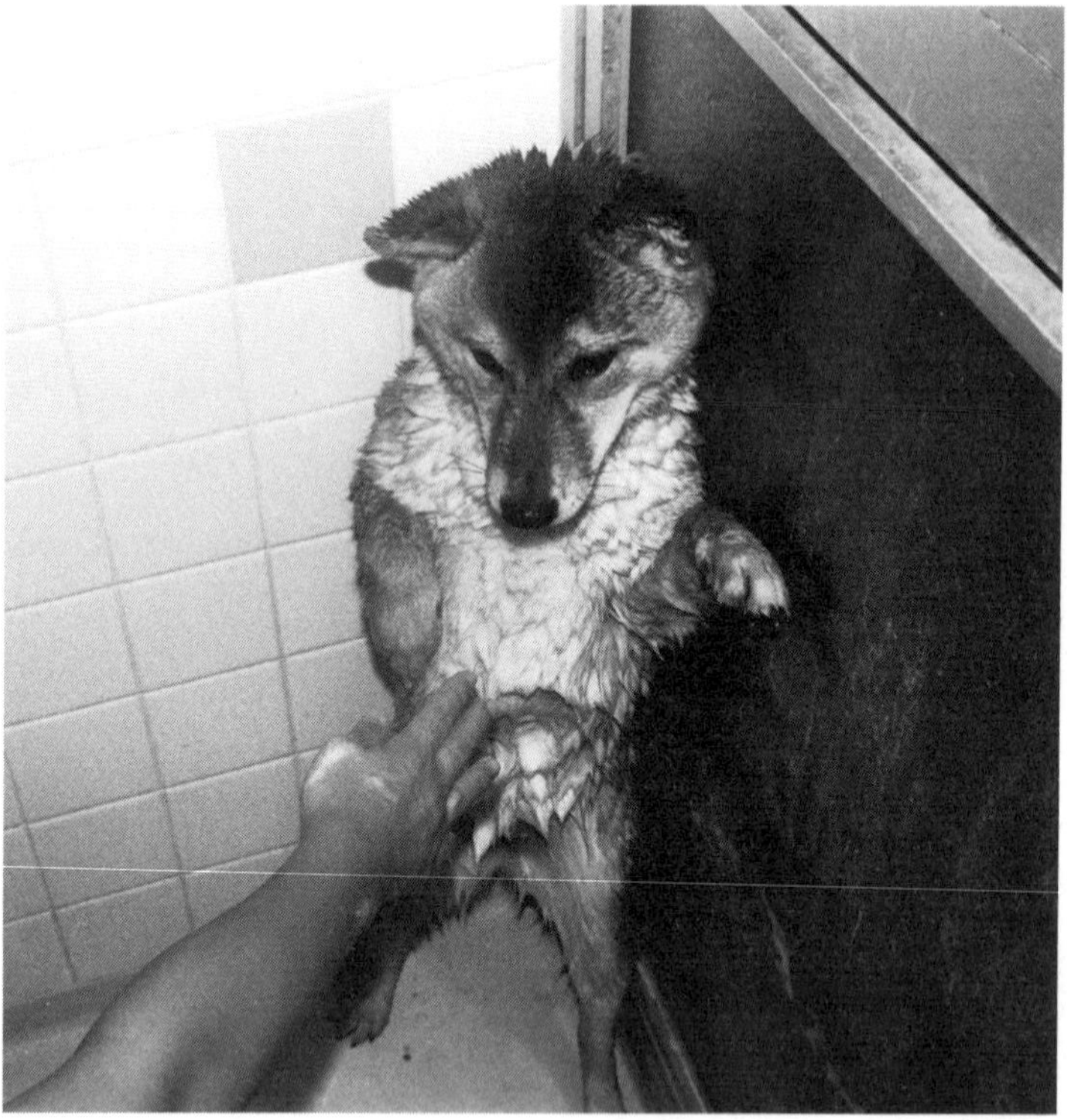

写真４　シャンプーは嫌だ

がひっきりなしに行き来する道があるので、そんな時はパパやママを何度もひやっとさせてしまうけれど。パパ、ママ、心配かけてごめんね。でも、私にとっては恐怖なの、「パン」っていう音を聞くのは。分かってね。

撮影所にもこれに近い音はあるのよね。分かるかな、監督さんが撮影の始まりと終わりを知らせる「カチンコ」。まあ、私はプロだから、撮影所で逃げ出すようなみっともないことはしないわ。なあんて、カチンコの音は花火やクラッカーと比べたら、全然かわいいもの。

瑞穂ちょっとフイちゃいました。ま、これもご愛嬌ってことで、ネ。

飼い主から：仔犬をしつける時や色々なことを教えていく時に、怒って覚えさせるか、誉めて覚えさせるか、両方考えられると思います。私自身振り返ってみると、もっと誉めてしつけていればよかったと後悔しています。コロを育てて分かったことは優しく育ててこそ優しい犬になれるということです。コロは女優ですから、初めて出逢った俳優さんに対しても危害を加えることなく、さらに言うことをよく聞き分けることができるように育てなければなりません。そのためには穏やかで素直な、優しい犬に育てることが必要です。優しい犬にしたければ飼い主も犬に優しくする。これが鉄則のように思います。また、将来のことを考えると、何が得意で何が不得意なのかを飼い主はよく観察していく必要もあります。犬も人間の子供と一緒です。嫌なことや嫌いなものは何年経っても変わりません。仮に嫌なことが自然にできるようになっても、それは犬の方がかなり我慢しているのだと思います。それと家の中で飼う以上定期的にお風呂に入れてあげましょう。私はコロにいつもブラッシングをしてあげています。特に三〜四週間に一度お風呂に入れた時はより丁寧にブラッシングをすることで毛並みの良さが維持されました。ドラマ、CMなどで俳優さんが手で触ったり抱っこしたり、時には顔をくっつけてかわいがるシーンがあります。きれいに清潔にしておくだけでなく肌触りもよくしておくと犬の評価が上がると思います。

3 多摩川（公園）デビュー

芸能界デビューの時は本当に緊張したわ。それまで私は人よりちょっとかわいいから少しは自信があったのね。かわいいっていうのは私が柴犬だからってこともあるかもしれない。ほら、柴犬って和犬の中でも一際小さいじゃない。で、たいていは顔の真ん中につぶらな瞳があって、その瞳が小さいながらも濡れているようで、なかなか憂いがあるのよ、自分で言うのもなんだけど。だって思い浮かべてみて。強面の柴犬とか、「犬相」？の悪い柴犬なんて見たことないでしょ。それに私はパパとママやおねえちゃんたちの愛情を一心に受けて、スクスクと育ったの。いわば箱入り娘、言葉を変えれば複数の乳母に囲まれてお姫様の様？に育てられたって訳。だから自分でかわいいと思い込んじゃうのも仕方ないわよね。

でも、芸能界っていうのはまったく未知の世界。ホラ、それまでは家のそばの多摩川がせいぜいで、もちろん多摩川のお散歩仲間の間では「女王様」としてちょっとは顔だったけど、もっともっとかわいい子がいるかもしれないじゃない？　だからデビューは緊張しまくっていたという訳。でも、私は実はその前にもう一つのデビューを無事、果たしていました。え、瑞穂は再デビューかって？　苦節何年かって？　まったく、どうしてそうやってワイドショーモードでみんな目を輝かせるのかしら。まあ、これもスターの宿命ね。スターにプライバシーはないのよ。なあんて違う、違う。

私のデビューはお散歩の時の公園デビュー、ならぬ土手デビューよ。パパたちがまだマンションに住んでいた時、私の世界は遠くに見える現実離れした狭い世界だったの。マンションの五階から見える景色ってみんな小さくて、なんだかオモチャみたいなものだったのよ(写真5)。だからお散歩は何よりの楽しみだったわ。今でこそ、撮影現場で他の犬や俳優さんたちと逢えるようになったけど、私にとってはお散歩の時間はかけがえのない宝物だったの。

それは今でも同じだわ。私が瑞穂ではなく、素のコロに戻ることのできる貴重な時間。毎日アドレナリンたっぷりの非現実的な芸能界という世界にいる私にとって自分を見失わないということはとても大切だわ。プライドを持つことは大切だけど慢心したら、もうおしまい。そうなったら、女優の座なんてすぐ追われるのよ。だからお散歩は私にとってなくてはならない時間なの。自分を見つめ直す、という意味でね。ハイ、ちょっとシリアスモードで演じてみました。

写真5　ベランダ越しで外を見るコロ

とにかくお散歩って、色々な仲間やたくさんの人に出逢えるし、草や土も間近に見られるでしょ。だから私は晴れの日のお散歩が待ち遠しくて仕方ないの。ただしお散歩はあくまで自分のペースで歩くのが目的。ダイエットのためのランニングは性に合わないわ。それでね、パパのお家はすぐ近くに多摩川があるの。夕方になるとその土手にたくさんの仲間たちが飼い主と一緒に集まってくる。お犬様が一同に集結する訳よ。圧巻よ。その中で一際輝いているのがア・タ・シ。へへ。

でも、そこには守るべき掟があるの。みんながすぐ自由に飛び回れる訳じゃないのよ。他の犬への仲間入りをきちんとできた犬だけが、首輪からリードを外してもらって、自由に遊ぶことを許されるって訳。犬の世界の掟もなかなかどうして厳しいでしょ。私も最初のうちは、なかなか自由にさせてもらえなかった。リードを外すと逃げてしまったり、他の犬に向かっていったり、へたをすると喧嘩をしちゃうんじゃないか、ってパパとママが心配したから。あ、待って！　瑞穂は喧嘩っ早いって評判が立つのは困るわ。柴犬は気が強いのは当たり前なんだけど、女優の場合、イメージというものがあるでしょ。まあ、そうね、昔の話ということで聞き流してね。

でね、初めはしばらく通い続けて、他の犬仲間と顔馴染みになって、まずその場に慣れることが先決だったわ。そうして緊張しすぎたり、興奮しすぎたりしなくなったら、ハイ、

ＯＫ！　やっとリードを外してもらえるようになったの。でもここからが大変！　だってそんなに簡単にみんなと仲良くできる訳はないんだもの。私は、かたっぱしからみんなに突っかかっていったり、時には噛み付いて取っ組み合いになったりすることもあったわ。へへ、勇ましいでしょ。柴犬っていうのは山椒は小粒でぴりりと辛いのよ。「小さいからって甘く見ると痛い目にあうぜ、兄さんよ。よ、瑞穂姐さん待ってました！」そう、瑞穂のイメージ狂わなかった。大丈夫ね。えーと、また女優しちゃったのね。ちなみに今回は組の姐御風にやってみました。

そうそう、それで他の犬に、はむかっていく話だったわね。そうすると、パパやママや犬仲間の飼い主たちがいっせいに割って入って、それ以上エスカレートしないように止めるの。犬はおとなしくて従順な動物だって思われているでしょ？　でも、犬同士だって会ってすぐに仲良くできるものじゃない。直接ぶつかり合ってお互いに体でお互いのことを感じて、はじめて少しだけ相手のことが分かるの。ああ、私が上とか、私が下ね、というように。私たち犬は自分の立場が明確になってそれで上下関係がはっきりして、初めて秩序が保たれるの。だから相手のことを知ることはとっても大切。だからといって犬という犬がみんな初対面の犬に立ち向かっていくかっていうと、そういうものではないわ。もちろん初めからある程度自分の立場をわきまえて、決して、しかけない犬もいるもの。それにもともと犬というのは相手が死ぬまで戦うような動物ではないの。相手が降伏すればそれで戦いはおしまい。でも私たちは人間社会で生きているから、そこに人間のルールが絡んでくるの、必ず。例えば犬同士の戦いが大事になる前に、飼い主たちが割って入って終わりにするというように。そうしなくても本当は自然に喧嘩は終わるんだけど、そこはホラ、人間社会のルールの方が優先される訳よ。

そんな風にしているうちに私はいつのまにか犬仲間の中で「女王様」と呼ばれるようになったの。まあ、今の私があるのもこの「女王様」時代があったからなのね。私が気品の溢れた良家の子女役を難なくこなせるのは、この頃の経験がものをいっているのよ、きっと。あ、いたーい。ママにコツンされた。まったく語ってばかりいるのじゃありませんって。いいじゃん、私は女優なんだから。ま、実際にはかなり喧嘩っ早いってことね。あ、でも安心して！　人間には向かっていかないし、撮影現場ではきちんとおとなしくするように教育を受けているから。ここは誤解のないようにきちんと言っておかなきゃ。

でね、私がすごい喧嘩をした相手は、土手で最初に出会ったリッキーというゴールデンレトリーバー。リッキーはすごく優しいオス犬なの。リッキーが牙を剝き出して喧嘩をしたのはきっと私とだけだろうな（写真6）。でも今ではリッキーは一番の親友。分からないものでしょ、お友達って（写真7）。

写真6　リッキーと喧嘩

写真７　今では大の仲良し

他にも色々な種類の犬に出逢ったわ。ミニチュアダックスの「ゴンちゃん」、シェットランドシープドッグの「べーちゃん」、ラブラドールの「サーブ」、コーギーの「メロンちゃん」、柴犬の「アンジュちゃん」、ハスキー犬の「花道」、「ブルー」。でも一番多かったのはやっぱり人気のあるゴールデンレトリーバーかな。リッキーの他にフック、大ジョン、ブリテン、ジェイ、しばらくしてからモモやジョンとも出逢ったの。そんな中で私が女王様然としていられたのは私も次第に肝っ玉がすわっていったからなのよ。いつまでも血気盛んなチビちゃんコロでいる訳にはいかなかったの。なんとなく未来の大物の匂いを自分自身で嗅ぎ取っていたのね。ト書：瑞穂感慨深げに一人うなずく。なあんて。

でも飼い主の都合で引越していったお友達はずいぶんいたわ。みんな散り散りばらばら。淋しいけれど、それは仕方のないことね。また新しいお友達もできる楽しみもあるし。明日があるさ。夕陽に向かってひとり走る瑞穂でした。

そんな中で私が小さかった頃からずっと、今でも仲良しなのはゴールデンレトリーバーのリッキー、モモ、ジョンです。でもね、三匹とも昔からボール遊びが好きで、川の中に入って水遊びをするの。でも私は水が大の苦手。だから趣味が合わない。というより私はいつも三匹が遊んでいるのを見ているだけで、なんとなく楽しくなってしまうタイプ。だから自分からじゃれたり何かしかけたりするようなことはしないの。そういうもんでしょ。

大物はでんと構えていないとね。あ、でも時々喧嘩はするかな？　ええ、話が違うじゃないかって。仕方ないわよ、女優はどれが本当の自分か分からないほど役作りに熱中して自分の演技を磨いていくものなんだから。ハイハイ、そうですか？（写真8）

とにかく三匹とも私よりずっと大きいけれど、不思議に私にはかなわない。リッキーとは初めて会った時に大喧嘩になったけれど今ではリッキーの方から引いていくのでまったく喧嘩にならないの。ジェントルマンね、リッキーは。ジョンは私より年下だから当然私には逆らえないの。モモちゃんぐらいかな、時々喧嘩になるのは。初めのうちはじゃれ合って遊んでいたけれど、この後話に出てくる団子串刺し事件、怖いでしょ、言葉を聞いただけで何があったのかしら、って感じ。後でじっくりお話しします。その団子串刺し事件で私が手術を受けた時に、モモちゃんが私のお腹の傷を引っかいてから立場は逆転。もう痛くて痛くて私はすぐに降参。あの時のモモちゃんは強かった。私の弱点を見事に責めてきたの。コロ、一生の不覚。だからって負けっぱなしという訳にはいかないわ。今でも時々懲りずに突っかかっていきます。あ、でもモモちゃん、お願い！　私は女優、顔だけは噛み付かないでッ！

えっと、あ、それと同じように人間との生活の中でもやはり順位が存在するの。よく見かけるけれど、飼い主よりも自分の順位を上に見ているような犬は人間と一緒に生活する

写真8　多摩川の友達、左からモモ、リッキー、ジョン、コロ

上で、とても不幸だと思うわ。交通事情やその他にも色々な危険なことがいっぱいある中で生活しなければならないでしょ、私たちって。そうした中で人間のルールを守ることは絶対必要なことなのに。だから私はお散歩に行く時もパパやママを引っ張るようには絶対しないの。きちんと横に並んで歩く。「止まれ」「待て」の合図には必ず従う。そういった基本的なことができないと飼い主にとっても、犬にとっても幸せじゃないと思うわ。勘違いをしている犬のお友達、パパやママの方が上なのよ。身の程をわきまえるって必要なこと。私は痛いほどそれを感じているの。たとえ私が売れっ子の女優になっても、パパとママとの立場が変わることはないわ。それがみんなにとっての幸せだもの。

飼い主から：犬には犬の社会ルールがあり、それを守れない犬は犬同士で一緒に遊ぶことができません。飼い主もそのことを十分理解する必要があります。他の犬が楽しそうに遊んでいるからといって、初めて連れて行った場所でいきなりリードを離して一緒に遊ばせようなどと人間が勝手に決めてはいけないのです。ある日のことでした。多摩川で犬たちがリードを外されて自由に水遊びをしていた時のことです。その土手では初めて見かける人だったのですが、その人が突然、自分の犬のリードを外して一緒に遊ばせようとしたのです。幸い先に水遊びをしていた犬たちは攻撃的な態度には出ませんでした。ただ中にはそうでない犬もいますし、コロなどは匂いをかがれるのが大嫌いで、他の犬が匂いをかぐため後ろに回り込んだりすると必ず激しく攻撃してしまいます。ちょうどその時もその犬は尻尾を振ってコロに近づいてきました。「まずい」と思った私はとっさにその犬とコロの間に割って入りましたが、興奮したコロに手を噛まれてしまいました。しかもその様子を見て、コロの後ろに回り込もうとした犬の飼い主が怒り出す始末です。私たち飼い主はもっと犬の性格や集団行動などを勉強すべきだと感じました。犬は本来群れをなして生活をする動物なので、他の犬との関わりの中で自分の群れでの順位を決めていきます。飼い主は気がつかなくてもお散歩中でも自然と順位は決まっています。しかしその順位は必ずしも強い犬が一番上とは限りません。コロが仲間入りした時は、アンナちゃんという非常に警戒心の強い犬で、初めての人には絶対に体を触らせない女の子がいました。その毅然とした態度に誰も絶対歯向かいませんでした。そのためアンナちゃんは自然に一番上のお姉さんになっていったのです。もちろん犬同士でうまくやっていけるようにしつけることは、将来ドラマやＣＭの撮影で他の犬と一緒になることもあるのでコロにとっても必要なことです。人間との関係はさらに重要で、せめて飼い主に対しては「絶対服従」でないと撮影の時多くの人々に迷惑をかけてしまいます。また大勢の人々に接しておくことも、撮影現場に慣れるためには必要です。俳優さんに抱かれてもじっとしていられること、せりふを話している間動かないでいること、逆に「来い」「待て」の合図で指示どおりに動けることなどができれば、色々な役をこなせるはずです。

4　私に降りかかった災難の数々

今でこそ、新進気鋭の女優の私。え、自分で言うな。そうね、あんまり自分をアピールしすぎるのも嫌味かもね。でも、私は聞き分けのある方だと思う。この「聞き分け」はキーワードよ。「ペットタレントを目指す君、先輩の生きたアドバイスを聞こう。ありがとうございました。きょうは頂戴犬として大人気の瑞穂さんにお話を伺いました」という訳で今度はインタヴューパターンでやってみました。ハイ。つまり今私が女優をやっていられるのはひとえに聞き分けがよかったおかげだということを言いたかったの。

でも、だからっていつもパパやママの言うことを、しっかり聞いているかっていうとそういう訳ではないの。プライベートの時くらい自由にさせてよ。って感じで私のお得意はお散歩の時の脱走。犬じゃないと分からないわ、この幸せは。脱走は本当に楽しいものなの。脱走をする時の手順は、パパやママが犬仲間の飼い主たちと集まって色々なことを立ち話している時に、時々振り返りながら気づかれていないことを確認するの。そして少しずつみんなから離れていくの。見つからないように、そーっとね。抜き足、差し足……。籠の鳥ならぬ家の犬である私にとって一人で自由にあっちこっち行くのはすごくわくわくすること。マネージャーのスケジュール管理が厳しくって、まったく息が詰まるわ。たまには息抜きしないとね、フゥ。

「あっ、コロがいない。また脱走した。コロ!!　待て！」

パパやママの声が聞こえても一気に逃げちゃう。やったー、脱走成功！　あとは私の自由、私の世界、私を中心に世界がまわっていくの。私は雑草の中をぶらぶら歩くのが大好き。時には川で釣りをしている人の餌用のパンをちょっといただいちゃう。パンには目がないの、つい手が出てしまう。ごめんあそばせ。でも幸せ、満足。これだから脱走はやめられないのよね。あ、誰？「泥棒犬瑞穂の実態を暴く！」だなんて。私を女優の座からひき下ろそうとする輩の陰謀ね。本当に油断も隙もありゃしない。まったくこの世界はいつも敵の目にさらされて生きているようなものだわ。なあんて、ね。

でも、脱走をするとパパとママにものすごく怒られちゃう。

「瑞穂、君ひとりの体じゃないんだ。君の姿を画面で見ることを楽しみにしているファンが全国に何百万といるんだよ」

って違う、違う。なかなか、話が先に進まないわ。

もともと私は人なつっこい方だから誰にでも寄っていっちゃう。特に食べ物を持っている人は悪い人なんかじゃないわって思っちゃうから何の警戒心も持たないの。ただ、一言加えておくと、だからってむやみにお愛嬌を振り撒くタイプではないのよ。人見知りはしないけど、距離はおくというか、まあ奥ゆかしいタイプと言ったらいいかしら。でもパパとママの心配は見知らぬ人には私が人間に危害を加えないということは分からないから、お互いに嫌な思いをするかもしれないということらしいの。ホラ、いくら私がテレビに出ていても、悔しいけど柴犬ってみんな似たり寄ったりの顔してるじゃない？　だから、ひとりで脱走している私を見て、「あ、女優の瑞穂だ」なんてほとんど誰も気がつかないのよ。もちろん地元ではちょっと有名なコロちゃんだけど、それでも一目で見分けのつく人は少ないわ。特に私のような柴犬は飼い主にしかなつかないと思われていることも多いから、知らない人にすっごい警戒されることもあるの。小さい赤ちゃん連れの人なんかは、私を怖がったりもするのよ。信じられないでしょ。日本の良心を象徴する私をつかまえて、失礼な話よね。だけどその一方で小さい犬だからかわいいといって近づいてくる人もいるのよ。怖いもの知らずね。エー、どっちなの？　ったく女優だからって、ころころと手の平返すんじゃない。ハイ、すみません。

でね、私は大丈夫だけど、不用意に近づくと噛み付く犬もいるから注意してね。

ところで、私の食いしん坊ぶりは相当なもの。これにはパパとママも苦労しているみたい。パパもママも普段の私が良い子なのでつい油断しちゃうのね。みんながいないうちに出しっぱなしになっているテーブルの上のパンやお菓子をよく食べちゃうの。特にパンは大好物だからビニール袋に入っていても袋を破いて食べてしまう。あー、だめ、止まらない。パパ、ママごめんなさい。パクパク。女優犬瑞穂の語られざる過去。瑞穂はその昔、欠食児童だった。って、これも古いわね。意味はおじいちゃんか、おばあちゃんに聞いてね。

でも、パンだけじゃないのよ、私を捕らえて離さないのは。ある時、大きいおねえちゃんがママに怒られていたの。

「なんでシュークリームを一人で食べてしまうの。少しはみんなに残しておきなさい」

すると、大きいおねえちゃんが、

「私食べていない、そんなあ。シュークリームがあるのも知らなかった」

「そんなこと言ったってぜんぜん残っていないじゃないの。誰が食べたって言うの」

まずい、逃げなきゃ！　私はその言い争いを聞きながらそっと気づかれないように自分のベッドに行こうとしたの。その時よ。言い争っていたママと大きいおねえちゃんが見合わすように私の逃げ出す姿を見つけたのは。

「コロッ!!」

ああ、残念。もうちょっとで大きいおねえちゃんのせいにできたのに。そのあと私はこってり絞られちゃった。

こんなこともあったわ。家族みんなでお出かけをしてお家に帰ってきた時のこと。

「ただいま!」

最初にお家にはいってきた小さいおねえちゃんが私に近づいてきたの。

「コロちゃん」

と顔を近づけるや否や、

「臭い!!」

「焼きそば臭い」

「何? さっき買ってきた焼きそばじゃない」

「ああ、すぐ食べようと思ったのに」

パパが一番悔しがっていたな。でも、もう遅い。

「ああ、あ、みんな食べちゃっている」

ごちそうさま! あー、おいしかった。苦手な紅生姜だけを残してすっかり平らげさせていただきました、ハイ。お腹いっぱい、幸せ、幸せ。でもみんなひどいのよ。焼きそば臭いと言って、この後誰一人私に近づいてきてくれなかったの。瑞穂ヤキソバを食べて家族から孤立する。なんて哀しい光景かしら。

でもここだけの話だけど、実は演技をしなくちゃいけない時に食べ物でつられていることもあるの。私の理性は、だめだめ、こんなシーン納得いかないわ（笑）って思ってるんだけど、パパとママが姑息？にも私の大好物を目の前にちらつかせるの。ついつい、それで演技をするはめに。まったくクールな瑞穂も食べ物の前ではかたなしね。え、違う。単に私が意地汚いからって。失礼ね。でも、まあ、それは本当のことだわ。だって、おいしい物を食べられた時こそ至福の時って感じ。本当に幸せなんだもの。

でね、この程度は笑い話で終わるけど、私の食いしん坊「犬生」？で一番大変だったことは、串つきの団子を食べてしまった時のこと。そう、これこそが前に出ていた恐怖の団子串刺し事件。食いしん坊の私はおねえちゃんの食べ残しのお団子をみんなが帰ってくる前にひとり占めをしようと思ったの。それでつい、がっついて食べちゃったのよ。お家に帰ってきたパパは串つき団子があったんだなあ、とは気がついたんですって。でも串が何本か残っていたのでそれ以上は別に気にも留めなかったのね。ところがパパ、実は私、もう一本食べていたの。それも串ごと。なんだか次の日から食欲がなくなって、気持ち悪くてゲーゲー吐いちゃった。それは食いしん坊の私にとってはとても辛いことだった。ト書き：瑞穂涙を浮かべる。なんで、なんでこんなことになるの？　その理由は何日かしてはっきりしたわ。胸の下の方から何かが飛び出してきちゃったの。なんだろう？　痛いし、不思議だし、何がなんだかよく分からなかったわ。

「ねえねえ、誰かの陰謀、差し金。ああ、私は死ぬのね。うーっ」

まあまあ、落ち着いて。串を丸ごと食べたのでお団子は消化したけれど串が胃のところから飛び出してきちゃったの。キャーッ！　みんなもう大慌て。もちろん、一番びっくりしたのは私だけれど、結局お医者さんに連れて行かれて手術をすることに。手術の結果丸ごと串が一本出てきちゃった。でも、あー、よかった。これでまたおいしいものが食べられる。ただ、みんなはどうやって食べたのか、すっごい不思議がっていたわ(写真9)。私も無我夢中で食べたから、あまり細かいことは覚えていないの。この後、この手術の傷をモモちゃんに攻撃された。モモちゃん、フェアじゃないわ。でも、まあ、これも犬社会の掟ね。あ、でもよかった。これは私が幼かりし頃の思い出。さすがに連続ドラマの撮影が入っている時に「瑞穂の腹に恐怖の串が」じゃ、かっこつかないもの。

どっちにしろ串団子事件は今となっては笑い話。ところが私に降りかかった災難はこれだけではなかったの。パパとママは〝恐怖の交通事故〟と呼んでいるわ。それは小さいおねえちゃんとお散歩をしていた時のこと。すっごい乱暴な運転の車に出くわしちゃったの。その時はまだおねえちゃんも私も小さかったから、運転をしていた人にはよく見えなかったのかな。ガーン、私たちは車にぶつけられてしまったの。骨が折れなかったのは不幸中

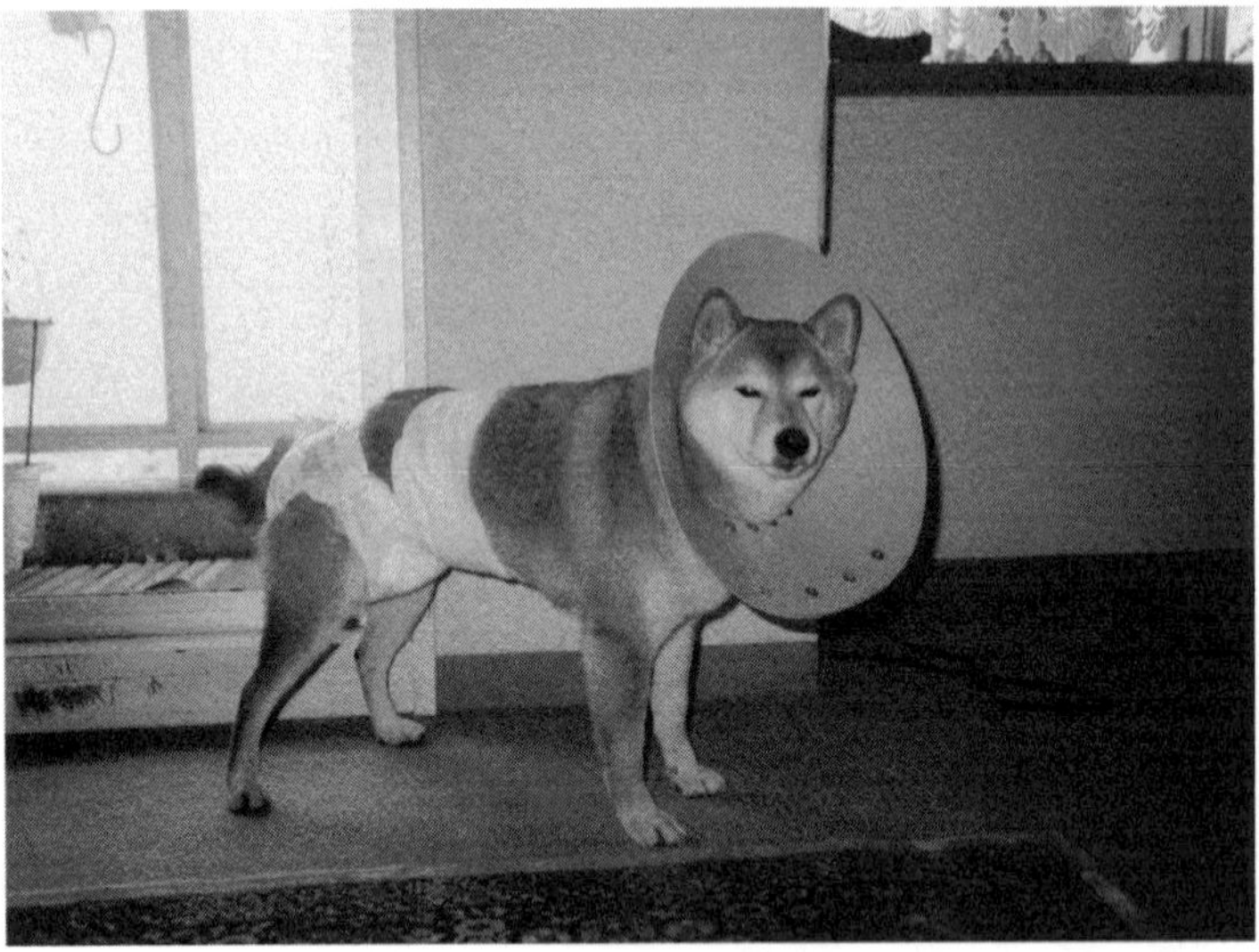

写真９　団子串刺し事件で開腹手術

の幸い。でも私の後ろ足は両方とも無残に擦り剥けてしまったわ。皮膚がペロンと剥けちゃったから両足のガーゼ交換の時に皮膚がくっついてすごく痛かった。私たち柴犬は痛みに敏感なのよ。もう痛くて痛くて我慢できなくて「キャンキャン」鳴いちゃった（写真10）。

このふたつの事件以来、私はお医者さんに行く道をすっかり覚えてしまったの。パブロフの犬状態。条件反射で今でもパパの車に乗った時には、車が病院のひとつ前の角にさしかかると、体がガタガタ震えて止まらなくなっちゃう。もちろん尻尾もだらり。もう本当に情けないったらありゃしない。こ、こんな姿、誰かに見られたら瑞穂の女優生命も一巻の終わりだわ。獣医の先生は優しいのよ、でもあそこは嫌！　病院だけは絶対に行かないぞー。だってあそこに行くと死ぬほど痛い思いをしなくちゃいけないんだもの。病院なんか大嫌い！

飼い主から：犬という動物は飼い主が気づいていないだけで、本当は飼い主や家の中を細かく観察しています。特に家の中で人間と一緒に生活をしている犬はなおさらのことです。だから食べ物などは犬の届くところにおくのは非常に危険です。我が家では決してコロに人間の食べるものは与えていません。しかし私たち人間がおいしそう

写真 10　交通事故で両後ろ足に大ケガ

に食べているところを見ているのでコロだけでなく、どんな犬でも食べ物に対して強い好奇心を持っているのです。我が家でもいつも気をつけていたつもりではいたのですが、一瞬の隙がとんでもないことを引き起こしてしまいました。幸い命を落とすようなことにはならなかったので今となれば笑い話ですが、それでも犬に対して人間の赤ちゃんや子供と同じように注意しなくてはならないということを、この事件によって知りました。犬は好奇心が強い動物ですから、外でもきちんと飼い主の言うことを聞けるようにしつけておかないと危険です。さらに、もしペットタレントにしたいのなら飼い主の命令に従えるようにしておく必要はあると思います。

5　散歩コースは交通事故と背中合わせ

瑞穂の恐怖の体験シリーズ。それは瑞穂がまだコロだった頃のお話。うーん、なんか親父ギャグみたいで、さぶぅっい。ま、それはそれとして、交通事故のお話をもう少しさせてね。私の交通事故の場合、小さいおねえちゃんとお散歩をしている時に起きたの。でも実はその時ママもそばにいたのね。えー、そうだったの。ママが黒幕だったの。生意気な私をこの世から抹殺しようとしていたなんて。エー、ショック！　って違います。ママはそんな人ではありません。

とにかく、私もそういうことがあるけれど、おねえちゃんはまだまだ小さかったからママの動きについていくことに必死だったの。もうそのことだけに神経が集中しちゃうのよ。それで周りのことが見えなくなってしまう。それでもどこかで連れて歩いている私のことも気にしているから、余計に気が散っちゃったっていう訳。私の事故は自動車が周りを確認しないで飛び出してきて起きてしまったので、ママにも予測できなかったんですって。ほんの一瞬のことだったから。

もしかして小さいおねえちゃんがもっと大きかったら事故は防げたかもしれない。ママはそう思っているのよ。でもママ、私は違うと思う。事故が起きた原因の一つは私たち犬の習性に関係していると思う。瑞穂、いえコロ反省しかり。ホラ、私たちってどんな犬でも飼われている家族の一人ひとりと自分との関係の中で位置とか順位を決めがちでしょ。私にとってママは私よりも上の順位だけれど、小さいおねえちゃんは私と同じか、ちょっと上くらい。だから、小さいおねえちゃんが言うことはあまり聞かないのよ。あの時の事故は本当のことを言えば私がちゃんと、おねえちゃんについて歩いていかなかったせいでもあるの、それは分かってるんだ。ママとお散歩をする時はきちっと歩かないとリードをぐいっと引っ張られて、「つけ、後へ」と怒られるでしょ。でもおねえちゃんたちと歩く時はもっと自由に気楽に歩けるじゃない。おねえちゃんの言うことはあんまし聞かないですむし。だってそれが当たり前になっているんだもの。

もちろん、私だって天下のお犬様、由緒正しい柴犬だからその辺の野良犬とは違うわ。自動車が来るかどうかはちゃんと気をつけている。あ、もちろん野良君でもきちんとした犬はいるし、仕方のない事情でそうなっている場合もあるから、前言撤回。ごめんね、不用意な発言、反省です。私は血統書付だからとか、高い値段のつく犬だからとか、そんなことで犬仲間を見たりはしないわ。要はハートよ。当ったり前じゃない。みんなにチヤホヤされているからって、瑞穂は浮かれて大切なものを見失うほどバカじゃないわ。そういうところはパパやママに堅実に育てられているから、信用して。

それで話を元に戻すとね、とっさの時に、私が行こうとする方向と反対におねえちゃんがリードを引っ張ったとするじゃない。そうすると、何が起きたんだろうって、かえって変な方向に走ったりしちゃうの。哀しいけれどこれは犬の本能ね。でんと構えているように見えても、やっぱりそこは小心者、よく言うとデリケートだから、突発的なアクシデントにはつい過剰反応をしてしまうの。そうすると、正直言って、もう収拾つかない。自分ではどうしようもなくなっちゃっているの。

だから犬を飼う人は覚えておいてください。リードは車社会に生きる私たち犬にとって飼い主との大事な命綱。例えば飼い主が何か他のことに気を取られたり、転んだり滑ったりしたときにリードを離してしまうと、犬は逃げ出してしまうことだってあるの。そんな時飼い主が慌てて追いかけてくると、私たちは遊んでくれるものとばかり思い込んで余計走ったり、逃げたりもしちゃう。要するにパニクッているか、超勘違いの興奮状態か、まぁ、どっちにしても平常心を失っている訳。そうした時に車がすぐ近くを通るようなことがあればちょっとしたことが思わぬ事故につながっちゃう。

私の仲間のべーちゃんも走っているバイクを興味津々で追いかけているうちに後ろから

来た自動車に轢かれて死んでしまったの。また、オムツをして後ろ足を引きずりながら、それでも嬉しそうにしながら遊びにくるクロちゃんという犬がいるのね。何でもクロちゃんは昔自動車に轢かれて下半身不随になってしまったんですって。かわいそうすぎるわ。だからってベーちゃんやクロちゃんが特別問題児だったのかっていうと、そんなことないのよ。ごくごく普通の人なつっこい子たちなんだから。私たち犬は普段はつながれていて自由に歩き回ることができないでしょ、だからお散歩の時はもう嬉しくて仕方ないの。特に大好きな飼い主と一緒にいられるだけで大興奮、分かるでしょ、みんなにも。そんな時の気分は、周りの動くものは何でも楽しいおもちゃみたいなもの。箸が転がってもおかしい、そんな感覚なのよ、浮かれ加減としては。

だから犬の代表として自動車を運転する人たちにお願いします。私たちが自動車に近づいているのを見かけたらスピードを落としてください。お散歩をしている私たちは、それでなくても嬉しさのあまりはしゃいでいるから人間が予想もしないような動きをしてしまうこともあります。急に飛び出すとか。そしてそんな時は私たちを追いかけて飼い主も飛び出してしまいます。その飼い主は家のおねえちゃんみたいに小さな子供のこともあるんです。その辺のこと、犬を飼っていない人にも分かってもらえたら、って思います。

私は犬と人間をつなぐメッセンジャーとしてこの世に生を受けた？気もするので、まじめな気持ちでお願いします。

危ない目といえばこんなこともあったわ。私はママといつものようにみんなの集まる土手に行くため、多摩川直前の道路を渡ろうとしていたの。ホラ、女王様のお出ましを今や遅しと待ち構えている下々の者がいるから。で、ちょうどその時。道路の向こうからちっちゃなトイプードルが横断歩道を渡って、こちらにやってこようとしていたの。まったくチョコチョコと目障りなんだから。なあんてね。

でも歩行者側の信号は「赤」だったのよ。目の前をトラックや乗用車が行き来しているところをその子は、間を縫うようにして渡ってきちゃったの。ママは、初め「来ないで！」と叫んでいたんだけど、途中からは「はやくこっちに来て！」と叫んでいたわ。ママ、言っていることが矛盾しているわ。でも後でママに聞いたらあんまり危ないので、いてもたってもいられなかったんですって。ところがママの脇にはその犬に向かって「うーっ！」と唸っている私がいたの。そりゃそうよ。かわいいだけで何でも許されると思っているような子には少し思い知らせなきゃ。女王様としては自ら憎まれ役を買って出たという訳。そうすればその子だって、将来考えもなしに赤信号の横断歩道を渡ったりしないはずだもの。でも、きっと険があったのね、私の顔に。知らず知らずのうちにイジワルな顔をしていたのかもしれない。その犬はすぐそこまで来たのに、また車の間をすり抜けるように戻っていっちゃったの。ママはもう必死に「あーっ、行かないで！」と叫んでいたわ。幸い、その子は車に轢かれないですんだんだけれど。でもママはハラハラ、ドキドキだったんですって。まったくムチャをするにもほどがあるわ。今度あの子に会ったら、よーく言い聞かせなくちゃ。

でも実は私も同じ場所で信号が赤の時に渡ってしまったことが二回あるの。最初は多摩川でみんなと遊んでいる時に突然「パンパン」と花火が鳴った時。前にも言ったけど私は「パン」という音が大の苦手。ひゃー、怖いよう。で、私は、いてもたってもいられなくなって家に逃げ帰ろうとしたの。ト書き：瑞穂全身の毛を逆立てて、疾走する。

ママは犬仲間の飼い主の人たちとみんなで追いかけてきたけれど、私は悪いけど、もう正直それどころじゃなくって。花火の音が嫌で嫌で、必死に赤信号を渡ってしまったの。

二度目はママと私がお散歩に出て、ちょうどパパが後から多摩川に向かってきているところだったの。私はこの時も突然鳴りだした花火の音にビックリして行き来する車のことなどまったく見向きもしないで横断歩道を渡ってしまったの。後で聞いた話だとこの様子を目にしたパパはホント、生きた心地がしなかったんですって。瑞穂になる前にコロのまま死んじゃったら、散財よね。そうよ、だってパパはいつも言っているもん。「働かざるもの食うべからず」って。えー、違った。ごめん。私は時々神の声を聞いてしまうの。あー、選ばれし民の宿命ね。神様の声なき声を聞いてしまうなんて……。
でもあの花火の音、ホントなんとかならないのかな。花火の音に驚いたあまり脱走して、そのまま行方不明になっちゃったお友達もいるのよ。

飼い主から：コロの交通事故を目の当たりにして、小さい子供にリードを持たせて散歩をする時は、飼い主は自分で犬を連れ歩く以上に注意が必要だと感じました。散歩は犬たちにとって楽しいひと時です。犬は興奮してはしゃいでいますから、飼い主が思いもよらない行動に出ることもあります。また、そんな犬を自分の危険も顧みず飛び出す飼い主たちもいるはずです。もちろん散歩中に飼い主が細心の注意を払うのは当たり前ですが、車を運転する人にこのような犬の行動、飼い主の行動があることを知ってもらいたいと思います。

6 私のママ

いろんなことでママには迷惑をかけたり怒らせたりもするけれど、私はやっぱりママが大好き。ウマが合うっていうのかな。ママって一生懸命な割には結構アバウトなところがあって、少し抜けているのよ。それがまたかわいくて。気が弱いところもあるし。誰かがそばについていてあげないとちょっと心配なところもあったりして。任せてママ。私は飼い主に忠実な柴犬よ。何があってもママのそばを離れないわ。ヒシッ。ト書：ママと瑞穂かたく抱き合う。

私が今こうして結構シビアな世界にいながらも、あまりガツガツしないで生きていられるのは、もしかしたらママに似たからなのかもね。でもパパも好きよ。パパは面倒見がいいの。ちょっと怖いけどね。ここだけの話だけど、もしパパとママが何かの事情で別々に暮らさなければならなくなったら、私はどっちを選ぶ？　それは、決まっているでしょ。パパよ、だって経済力が違うもん。なあんて、私はそんな女じゃないわ。バカにしないで！　じゃあ、どっちかって？　そんなパパとママが別々に暮らすなんてありえないわ。二人はふかあい愛で結ばれているんだもの。

ママと私の運命の出逢いを少し再現してもいい？　もともと、おねえちゃんたちは犬が欲しくて仕方なかったのね。でもマンション住まいだからハムスターで我慢していたって訳。ところがその子が死んじゃって、ママもかなり動転してしまったのよ。非力な生き物を死なせるというのはやっぱり人間のエゴか、不注意であることが多いから。心優しいママは自分を責めていたのね。ハム君を死なせたのは自分の責任だって。そんなことないよ、ママ。かわいそうだけど、その子は早くに神様に召される運命にあったのよ。ト書：瑞穂ママの肩を優しく抱く。

でね、代わりのハムスターを買いに行ったつもりがなぜか私を買ってしまい、家に連れて帰ってから、すっごい後悔したんですって。

「これってハムスター？　それとも犬？」

「ママ、何言っているの？　ハムスターだよ。最近のハムスターはジャンボハムスターとか言って大きいのもいるらしいわよ」

ふふ、どっちもどっちよね。ママは私をハムスターと間違えるし、おねえちゃんたちは犬を飼いたい一心で精一杯のうそをついたのか、あるいは本当にハムスターだと思ったのか。でも、沈着冷静なはずのパパまで私をハムスターと間違えたんだから。ああ、これは死んだハム君の怨念だわ。自分を忘れないでって、パパの家族に取り憑いたのよ。クワバラ、クワバラ。これもおばあちゃんに意味を聞いてね。皆さん、動物の霊はきちんと供養してあげてね。

で、ママは悩んじゃったの。犬の寿命は十年以上と言われているでしょ。このつぶらな瞳のいたいけな子をこの先無事に育て上げる自信はないわ。いっそこの子と一緒に首をくくろう。神様、不甲斐ない私をお許しください。ママ、早まるな。人生そんな捨てたもんじゃないぞ。ママは何とか、その日は思いとどまったけれど、ウソウソ。でもその日は一晩中まんじりともできなかったんですって。翌朝開店と同時にペットショップに電話を入れたそうよ。

「お金はけっこうですから、犬をお返ししてもいいでしょうか?」

もちろん、答えはNO! 生き物は返品不可っていうのは、まあ、常識でしょう。みんな覚えておいてね。私たち動物を虐待すると器物破損って罪に問われるの。でも、私たちは決して物じゃない。そりゃあ、人間に面倒みてもらわないと、ひとりでは生きていけない子はたくさんいるわ。でも、決して物ではないの。私たちは感情のある生き物なのよ。そこだけはしっかりおさえてください。

ところで、その時もちろんママだって分かってはいたのよ。でも必死だったのね。それほど私の存在はママにとっては重かったんだと思うわ。エー、存在よ、誰？　私をデブというのは。まったく聞き捨てならないんだから。かわいい女への嫉妬が渦巻いているって感じ。オー怖い世界だわ。へへ。自意識過剰の瑞穂でした。

それからママの苦渋の日々が始まったの。二週間ほどママは食欲がなくなり、私の鳴き声を聞くと吐き気がして、家の中にもいられなくなっちゃったの。ママは自分のしたこととはいえ、神経的にまいっちゃったんですって。そのうち微熱まで出て、でもどうしても家にはいられなくて毎日出かけて時間をつぶしていたんですってよ。全然知らなかったわ。でもよかった。だってママが今流行の引きこもりにならなくってよかったわ。主婦の引きこもりなんて、悲惨すぎるもの。そう、分かった？　私はポジティブ・シンキングの犬なのよ。言わなかったっけ？　これというのもパパとママが私をかわいがってくれたおかげだわ。しつけよう、しつけようと厳しくしすぎると、犬だって考え方が屈折しちゃうのよ。時々いるじゃない。いつも眉間にしわを寄せている犬。まあ、おじいちゃん犬ならそれも箔がつくけど、やっぱり女優は笑顔が勝負でしょ。ね。カメラさん。ニコッ！　抜群のシャッターチャンスよ。ちゃんとおさえてくれた？　自分で言うのもなんだけど、私の笑顔ってホント、穢れを知らないというか、真っ正直に前だけを見ているっていうか、私の哲学が表れているわよね。フフ。

とにかく、そんなママが立ち直れたのは、パパやおねえちゃんたちが楽しそうに私と遊んでいる姿を目にしたからなんですって。それにパパがまるで三女のように私の面倒を見てくれたから。パパって子育ての時も協力的だったそうよ。クー、麗しい夫婦愛。ママが児童虐待ならぬ動物虐待に走らなかったのは、パパの完璧なフォローがあったおかげなのね。自分の子供をかわいがれないと嘆いている世間のママたち、ひとりで悩んでいないでまずはパパに育児の協力を求めてみたらいかがですか？　えっと、今度は教育評論家風に言ってみました。

でもそんな事情があったとは露知らず、私は無邪気に飛び回っていたわ。もちろんそれは小さいおねえちゃんが私と遊ぶきっかけを作ってくれたからだけど。ママは私の姿を見て段々いじらしくなってきたそうよ。で、心も自然となごんだって訳。

うーん、瑞穂はなごみ系の犬、結構いけるかもね、この線は。

でもね！　ママのアバウト加減はホント、困りものよ。実はそれでひどい目にあったことがあるの。私のご飯は朝と夜の二回もらえるドッグフードなのね。それも固形のものがほとんどで。でも特別の日にだけ缶詰のご飯がもらえるの。これがまたすごくおいしいんだ。ある時、普通の日なのに缶詰のご飯が出てきたの。え、きょうは感謝祭、クリスマスって感じ。ラッキー！　と思う反面、なぜ？って思ったけれどその答えはママのぶつぶつ言う言葉に隠されていたの。

「ちょっと古いかな?　でもたいして臭わないから、まあいいか」

少し臭うんでしょ?

「いいから、いいから、食べなさい」

いただきまーす。

そして事件はその夜起こったの。時刻は午前二時、草木も眠る丑三つ時ってやつ。もうお腹が痛くて痛くて。ヒーン、ヒーン。ヒエー、助けてママ。ちょうどその日はパパがいなかったの。ママは最初、玄関にトイレを持ってきて、「ここでしなさい」と言ったわ。でも玄関ではとてもできなかった。今度は、ママは私をお風呂場に連れて行ったの。そして私はしばらくお風呂場に置き去りに。ママとしては真冬のしかも夜中に外に行くのは、なんとしても避けたかったのね。でも私はどんなことがあっても家ではうんちをしないわ。だってお家でしてはいけないってママが教えてくれたんだよ。ト書き:瑞穂一段と声を荒げる。

でも、ママの言い様ったら、なかったわ。

「こんな寒い時に、朝まで我慢できないの?」

はっきり言ってむかついちゃった。我慢できるならこんなに騒いでないよ。まったく!

でママはしぶしぶ私を抱いてマンションの裏に連れて行ったの。その時ジャーッとまるでおしっこみたいに、ひどい下痢。お腹は痛いし、恥ずかしいし、花も恥らう乙女の心はズタズタよ。やっと落ち着いてお部屋にもどるとまたお腹が痛くなって。ヒーン、ヒーン、ママ、またお腹痛いよ。

「また？　今行ってきたばっかりでしょ。もう少し我慢しなさい。あんまり人に迷惑かけるんじゃないの！」

エッ？　そんな！　ママがあんな缶詰食べさせたからじゃないの。私、悪くなーい。ママ、ひどいよ。ネネ、ママって自分勝手よね。私口がきけたら、弁護士を通して話をしていたところだわ、マッタク!!

もちろん私はパパも好きだけど、ママよりパパの方がちょっと怖いかな。私はマンションに住んでいた時家の中を自由に歩き回ることが許されていたの。でもパパとママが寝ている和室だけは絶対に入っちゃいけないことになっていたのね。「入るな」といわれると余計入りたくなるのが「犬情」？でしょ。特に冬の寒い朝方はママのお蒲団の中は暖かいんだ。でもパパがいるとすっごい怒られるからパパがお仕事でいない日がねらい目。ママのお蒲団の中に鼻先でお蒲団を押し上げるように入っていくの。「何、どうしたの？」しめしめ。ママは小さいおねえちゃんと間違えている。あー、あったかい。ママの枕にいっしょ

に頭を上げて寝ていると、

「う！　臭い」

「なに、コロじゃないの」

やっぱり鼻息でばれちゃった。

「あっ、冷たい、おしっこもしている。」

まま、まずい、逃げなきゃ。

こんなこともあったわ。パパがいる時は絶対ママの蒲団には入らないようにしてるんだけど、その時は運悪くパパが夜中に帰ってきちゃったの。帰ってこないって言っていたのよ。エッ、罠、私を陥れる罠だっていうの。瑞穂ワナワナ震える。えっ、またさぶかった。でもねパパ。フェイントなんて卑怯よ。いつものようにママのお蒲団にもぐりこんでママの枕で寝ていたの。すやすやと。そしたらカーテン越しに入ってくる朝の日差しが私にお目覚めの時を知らせたって訳。お嬢様。朝でございますって。あら、ありがとう、ジイ。きょうも爽やかな一日になりそうだわ。で、目がさめると、私をにらんでいる二つの目。

「エッ、ジイ、いや、パ、パパ、ど、ど、どうして？　なぜいるの!?」

パパがニッと笑った。まずい、やばい、怒られる。私は急いで逃げたわ。ふふ。でも大丈夫だった。パパとママは笑っているだけ。よかった。パパに怒られるのは苦手なんだ。

だって、とっても怖いんだもん。

あ、でも大人になった私はお蒲団の中でおしっこはしません。念のため。

飼い主から：犬は子供と同じです。一から十まで厳しくすると、こちらの顔色ばかり窺うようになり、とても神経質な犬になってしまいます。ある時は優しく、時には寛大な心も見せて犬がほっとする瞬間があってもいいと思います。それにしても柴犬は頑固です。例えばおしっこです。一度覚えると絶対に家の中ではおしっこをしなくなります。しかし雨の日などコロが外に行きたがらないのでそのまま放っておくと、おしっこそのものを二日ぐらいは我慢してしまうのです。いくら犬が嫌がっても飼い主としてはやはりきちんと朝夕に散歩に連れて行く責任があると思います。

7 我が家の引越し

やんちゃなコロも次第に成長して乙女の仲間入り。「瑞穂」という名前はそんな私にぴったりかもしれない。瑞穂っていうのは、瑞々しい稲穂っていう意味なの。人間でいうとちょうど「花は十八、番茶も出花」って、その頃くらいかしら。つまり、今が盛り、旬ってことよ。瑞穂は今輝ける瞬間《とき》を生きているっていう訳。今をときめく女優にふさわしいわね、ホッホッホッ。

そんな私がまだ花開く前、そうまだ芋虫だった頃の思い出を聞いてくれる? 私コロは、すっかりパパのお家のアイドル。もともと私はアイドル系なのね。かわいいお顔をしているから。フフ。

パパやママ、おねえちゃんたちは私をすっごいかわいがってくれたわ。だから私はすっかり我が世の春を謳歌していたの。そんなある日。パパとママは考えたんですって。

「おねえちゃんたちもそろそろ子供部屋が必要な年頃になったし、三女? の私のためにも一戸建てに住むほうがいいのではないかしら」

って。そこでパパたちのお家探しが始まったの。できれば多摩川のお散歩仲間と離れないですむようにあまり遠くないところ、という希望で。それほど苦労しないで条件に合ったお家が見つかりパパとママも一安心。でも私にはずいぶん気を遣ってくれたようだったな。急に新しいところに引越して私が慣れないとかわいそうだからって毎朝の散歩コースを建築中の新しい方のお家に変えてくれたり。でも正直私には〝引越し〟の意味は分からなかったわ。いまだにちょっと分からないけど、分かる振りをしているの。ホラ、かわいいだけでおつむが空っぽなんて思われるのは私のプライドが許さないのよ。

なんだか家族みんながそわそわしているのは感じていたけれど。それは引越しの前日のことだったわ。パパやママ、そしておねえちゃんたちも家の中を忙しく動き回っていたの。みんな何かを持って何度も外に出たり、かと思うとすぐに戻ってきたり、とにかく一日中あわただしく。そう、今思うとまるで撮影現場の大道具さん、小道具さんみたいな動きをしていたわ。「変だ」さすがに私も不安になっちゃった。今までの経験からすると、みんながばたばたしている時は決まって私を置いてどこかに遊びに行く前触れなのよね。待って、お願い、私をひとりにしないでー。ト書：瑞穂道端にひとり泣き崩れる。

とにかく嫌だ、絶対私もいっしょに行く。一人ぼっちは絶対嫌だからね。ママにまとわりついたり、パパのそばにいったり、おねえちゃんたちを追いかけたり、私も朝からうろうろしっぱなし。

「何？　何？　私を置いて一体みんなでどこへ行こうというの？」

不安で不安で思わず窓に向かって遠吠えをしてしまったわ。

「ウオ～。ウオ～。私も一緒に連れてってー」

あまりの大きな遠吠えでマンションの外にまる聞こえ。もう、ばればれ、ね。普段は鳴いちゃいけないって言われていたけど、ここぞとばかり精一杯の声を張り上げちゃった。急にドアが開いたかと思うと、それは小さいおねえちゃんだったの。おねえちゃんがお散歩用の首輪を取り出したので、私は自分からその首輪にあわてて頭を入れたわ。ありがとう、おねえちゃん、私をひとりぼっちにはしないのね。小さいおねえちゃんはそのまま私をみんなのいるところに連れて行ってくれたわ。げらげらとお腹を抱えて笑いながら。みんなは引越しの準備で不要になったゴミを何度もゴミ置き場に手分けして運んでいたところだったんですって。ゴミ置き場にゴミを捨てに行くだけなのに、なんとも淋しそうな私の泣き声にママはたまらなくなって、

「じゃあ一緒に連れて行こう」

と、小さいおねえちゃんを迎えに来させたらしいの。なんだ、そうだったんだ。それならそうとはじめっから言ってくれればよかったのに。なんか取り乱したりして恥ずかしい

じゃない。でもあの時私は本当に焦っていたの。だから自分から首輪に頭を突っ込んじゃった。ヘイ、名犬コロの輪くぐりならぬ輪飛び込みでございい。ハイ、お見事。パチパチ。でもそのあわてぶりったらなかったそうよ。おねえちゃんもみんなもいつまでも大笑いしていたもの。そんなに笑わなくたっていいじゃない。恥ずかしい。でもみんなに置いていかれる時ほど淋しいことはないのよ。もうこの世の終わりかと思ってしまうほどなんだから仕方がないでしょ。私は「ワン、ワン」と吠えながらみんなに飛びつき、「ああ、ヨカッタ」。心の底からホッとしちゃった。私は間違いなくパパの家族の一員なのね、としみじみ感じちゃったわ。

それでね、引越しをした新しいお家は広くて気持ちがよかったけれど私にとってはポイントの低いトコロもあったの。なんてったって床がフローリングだから歩きにくい。滑って転んで走れない。ズル、ベタ、イタッ! 前のマンションの方が廊下も長いし、しかもカーペットが敷いてあったから思う存分走れて楽しかったのよ。だから私はしばらくの間お散歩から帰る時にマンションの方向に帰ろうとしてママを引っ張ってずいぶん困らせちゃった。ママは「もうここがコロちゃんのお家なのよ」と無理に引っ張り返すけれど私にはそれがどういう意味かよく分からなかったわ。仕方ないでしょ。私はまだ芋虫だったんだから……。ヘッ、コロちゃん芋虫だったの。キッ、そうよ、芋虫。悪い? ま、今でも引越しの意味は分からないわ、ないしょだけど。

でも今ではすっかり新しいお家に慣れたわ。もともと順応性が高いのよ、私って。えへん。それでね、とっておきの場所もできたのよ。それは道路に面したリビングの出窓。そこに上ると外を歩く人や散歩中の犬が通るのがよく見えるの。もうたまらなく刺激的！マンションのお家は窓から見える外の景色はずっと遠くに感じてつまらなかったの。ところが今は、

「私のお家の前を散歩するなんて許せないわ。ここは私のテリトリーよ」

とにかく近所の犬が通ったら思いっ切り吠えて脅してやるの。もう胸がすーっとするったらありゃしない。その様子を見てママは眉をひそめているけれどパパは、

「うちの防犯になるからいいだろう。コロが家のセコムだよ」

って。

パパ、話せるじゃない。私は女優をやめてもガードマンで食べていけるわね。


飼い主（ママ）から：今ではコロはすっかり我が家の一員です。コロが言うように私は、コロを飼い始めた当初ノイローゼ状態でした。しかしパパの理解と協力があったおかげで、立ち直ることができたのだと思います。パパは二人の娘が幼い時もよく育

児を手伝ってくれましたが、コロに対してもまるで自分の子供のように面倒を見てくれました。シャンプーや散歩、またしつけに関しても根気よくコロに向き合ってくれています。今でもそれは変わりません。もともと面倒見がよい性格なのかもしれません。そのパパがコロをかわいがり、面倒を見てくれたおかげで、私はコロをしっかり受け止めることができるようになったのだと思います。しかしそうは言ってもコロは私のことの方が好きなようです。おそらくパパが厳しくしつけをするためでしょう。しかも私と一緒にいる時間の方が長いので、それは仕方のないことかもしれません。コロは小さい頃からこちらの考えていることはお見通しでした。コロは普段は窓辺で一日中寝ていましたが、私に少しでも悩み事があり考え込んでいると、私のそばに来てじっと私を見つめていました。大きな丸い瞳をまばたきもせず、まるで小さな幼児がお母さんを心配するかのように。犬を飼って初めて分かったことですが、犬という動物が人間の心を読むというのは本当のようです。

普段は何の反応も見せず窓辺で寝息をたてて私には関心を示すことはありませんでした。しかし長時間外出しなくてはならない日は、私がコロに絶対悟られないように気をつけながら準備していてもなぜか朝から私のそばを離れず、私が二階に行けばコロも二階に、洗面所に行けばコロも洗面所にと、まるでストーカーのように後を追ってきました。

「ママ、お出かけなんでしょ。どうせ置いていくんでしょ。私も連れて行ってよ」

と必死に目で訴えていました。私よりも先まわりをして玄関の前にすわり、じっと見張っています。その後、コロと何度かの格闘を経て、私が鍵をかけようとするとすぐさま、中からコロの大きな遠吠えが。あまりにも淋しそうな遠吠えに私の気持ちはいつも揺らいでいました。娘たちが成長して私の腕に飛び込んで甘えることも少なくなり、私は心の中に穴が開いたように淋しくてたまりませんでした。しかしコロのおかげでもう一度子育てを経験しているようで毎日が楽しくてたまりません。友人と食事をしたり話したりしていても、四時ぐらいから夕方の散歩の時間が気になりだします。友人よりコロのことが優先するほどです。そんなこともあってコロが女優になっても私はつい世話を焼くことが多くなっています。コロが我が家に来るまでは何回か家族で海外旅行に行きましたが、コロを飼って以来、海外どころか国内旅行にも行かなくなりました。コロをペットホテルに預けるのがかわいそうなので、どうしても旅行にいく気にもなれません。コロはどんなに長生きをしてもあと十年が寿命でしょう。それまで、精一杯愛情をかけて大切に育てていくつもりです。少しでも長く一緒に過ごしたいと願っています。

8 日本ペットモデル協会への登録

パパとママは私に節度を持って接してくれたわ。決して猫っかわいがりはしなかった。え、当たり前だって。あなたは犬でしょって。まったくこれだから頭のかたい人は嫌なのよね、なあんて。

でも、人間社会で生きていく動物にとって飼い主が節度をもってかわいがってくれることはとても大事なことだと思うわ。だって私たちはいつ路頭に迷うか分からないし、いつ家族を失うか分からないんだもの。哀しいことだけど、それくらいの現実は理解してなきゃ、いっちょ前の犬とは言えないわ。世間でちやほやされているお犬様。その辺はちゃんと認識してなさいよ。でないと、あとで痛い目にあうわよ。

私の場合、もともと初めからペットタレントとして育てられた訳じゃなかった。前にも言ったけど、将来ペットタレントになるための訓練を受けた訳じゃないの。でも人間と一緒に生きていくために人間のルールを身につける必要はあったわ。トイレは決まったところでするとか、むやみやたらに拾い食いをしないとか。あとパパやママに絶対服従するようには訓練を受けてきたの。一週間に一度、約三十分程度の訓練だったけど、これできちんと人間と接することができるようになったし、他の犬仲間ともうまくやっていけるようになったのよ（写真11）。私が瑞穂になれたのは小さい頃からの血の滲む？ような訓練にじっと耐えたからなの。

そりゃそうよ、今をときめく俳優さんだって、小さい頃から歌を習ったり、また俳優さんになってもボイス・トレーニングやダンスのレッスンは人知れずしていたりはするんだから。誰もが生まれながらにスターだった訳じゃないのよ。で、私もおんなじ。この見目麗しい恵まれた肢体と、素質、そして類稀なる精神力で、今の地位を築いたのよ。やー、自分を美化しすぎね。仕方ないわ、それが女優ってものなんだから。とにかく訓練を受けたのは私にとってすごいプラスだったな。三つ子の魂百までってよく言うでしょ。だってそうじゃなかったら、撮影現場でこれほど人に馴染めなかったかもしれないもの。当然しつけのいきとどいた私はパパやママにとっては自慢のタネ。私が瑞穂になったのはなるべくしてなったってことかしら？　英才教育のタマモノかしら。ウウン、たまたまラッキーだったのよ。そう、スターになっても謙虚さは忘れちゃいけないわ。ね。

とにかく私がよい子のせいか、旅行の時もよくペットといっしょに泊まれるペンションに連れて行ってもらったわ。最近は女優業が忙しくて、ちょっと家族旅行はお預けだけど。

写真 11　週に 1 度の訓練教室で

でもまあ見ていて。もう少したったら私がいっぱい稼いで、みんなを世界一周旅行に連れて行ってあげるから。え、誇大妄想の気があるかって。そんな、もごもご。まあね、ちょっとね。

基本的に私は淋しがりやなの。それに家族の一員としての意識が強いし。いつもみんなと一緒にいたいし、一緒に出かけたい。特に仕事を始める前はスッゴイ外出欲が強かった。だけどいつも私を連れて行く訳にもいかなかったらしいの。今思えばね。でもあの頃は置いてきぼりが死ぬほど嫌だったのよ。コロ若くして孤独死なんてかわいそうだあ。でね、そういう時はなんとなく分かっていたの。「みんな何コソコソしてるんだろう。何あわててるんだろう。アーッ、今日は置いて行くつもりだな」って。「バタン！」ドアが閉まったら、「ああ、みんな行っちゃった。エイッ！　よくも私だけ置いていったな。頭きた」って感じだったわ。

「うわっ、ごみ箱がひっくり返っている、中身が散らかっている！」

「コロ！」

「またやったな」

帰ってくると決まってパパとママはめいっぱい怒っていた。今となっては懐かしい情景ね。ま、私はとりわけかわいかった?ことを除けばごく普通の、犬を飼っているお家ならどこにでもあるような悲喜こもごもの出来事の中で、毎日を幸せに暮らしていたという訳。

ところがそんな私の穏やかな「犬生」?をひっくり返すような事件が起こったの。私は「ペットモデル事件」と呼んでいるわ。ま、実際にはそんな大げさな話じゃないんだけど。ある時、ママがいつものように午後の昼下がりのテレビウォッチングを楽しんでいたの。ひたすら眠る私を尻目にね。で、偶然ペットモデルのことを知っちゃった訳。ママとしては、いてもたってもいられなくなっちゃったのよ。だって我が家のアイドルコロちゃんがひょっとしたら大スターになっちゃうかもしれないんだから。親のひいき目っていうのもあるじゃない? ママにしてみればこんなにかわいいコロちゃんがこのまま多摩川の女王様で終わる訳はないって思ってしまったの。

偶然って恐ろしいわよね。ちょうどその時新聞に日本ペットモデル協会の募集広告が載っていたの。日本ペットモデル協会ではペットモデルとして活躍を希望する普通の家庭犬を募集するのよ、年に一度。年に一度よ。たまたまその募集広告がママの目に飛び込んできちゃったの。これが運命でなくて何なのかしら。ママは私とも運命の出逢いをしたし、実はすっごい霊感の持ち主だったりして。まあ、優しい人は霊感が強いとは聞くわね。これはママの美容院で美容師の人が言っていたことの受け売り。だから真偽のほどは分かりません。でも女優はいつでもアンテナを張り巡らして情報キャッチをするくらいでないとね。

エヘン。

それでね、ペットの写真とPRを添えて協会に送ると書類審査が行われて、それに通ると合格判定書が届くの。合格だとその日からペットモデルとして登録されるそうよ。書類審査よ、書類審査。まあ、私ぐらいのルックスだったら、軽く通るはずだわ。え、謙虚なココロはどこいったかですって。そんな前言ったことなんてすぐ忘れちゃうわ。フフ。

で、パパも燃えたの。早速パソコンで私の顔を入れた応募用の特別な便箋をつくっていた。凝り性ね、パパも。応募用の便箋をメチャクチャ目立つように作って採用されやすいようにって色々と工夫したみたいよ。あ、でも実際にはあまり効果はなかったみたい。そりゃそうでしょ。クイズの懸賞とは違うんだから、目立てばいいってもんじゃないわ。要は私のかわいさが家族のひいき目か、本物かってことがポイントなんだから。

しばらくして結果が出たわ。やっぱり実力なのね、日本ペットモデル協会から通知があったのよ。私のかわいさは本物だったって訳。だって、そうでしょ。いくらなんでも私ぐらいの年の女の子に性格俳優は求めないと思うもの。やー、よかった。内心ヒヤヒヤだったんだ。本当のこと言うとね。

それで認定証の授与式とペットモデルとしての活躍していくための説明会があるからって、パパとママは南青山まで出かけていったわ。ところが当日は会場に入りきらないほどのたくさんの人だかり。心配症のママはまたまた心配になっちゃったそうよ。

「こんなに大勢の人数がいるっていうことは、たくさんのペットが認定されているハズ。本当に仕事はくるのかしら」

って。そのうち理事長さんの挨拶があって認定証の授与式が。それから今までのペットスターたちの活躍ぶりの紹介やペットスターとしての心構えなどについて、かなり分かりやすく説明をしてくれたらしいわ。で、まあ、ペットモデル協会に登録する、しないは自由だし登録料は無料なの。ただしプロモーション（売り込み）をしていく上でモデルブックに写真を載せるかどうかは自由だけど掲載料がかかるって訳。で写真の大きさで金額が違うらしいの。こういう時に俄然張り切るのがパパ。

「どうせ載せるなら一番大きい写真にしよう。その方が目立つ」

って。一方ママは、

「写真の大きさで仕事がくるんじゃなくて犬種で仕事がくるんだから、小さい写真でもいいわよ」

と譲らない。するとパパは、

「コロは僕たちにとって三女同様だから、幼稚園の入園金と考えたら安いもんだよ」

クー、泣かせるわよね。パパ、私はパパの子でよかったわ。

「何言っているの。もしかしたらお金だけ取られて全然仕事が来ないってことも考えられるから、用心した方がいいかもよ」

やっぱりママは主婦ね、現実的なのよ、発想が。ま、それくらいで夫婦のバランスは取れているのかもしれないわ。でも結局は中くらいの大きさで話がまとまってシャン、シャン、シャン。

そしていよいよ女優の卵、明日のスター柴犬の「瑞穂」の誕生。芸能界の輝ける未来を担う期待の新星?の記念すべき第一歩が踏み出されたという訳。あー、もちろんまだ登録だけ。お仕事が来た訳ではないわ。でも夢は大きい方がいいのよ。目標になるじゃない。

それでね、なぜ「コロ」じゃなくって「瑞穂」になったかというとママがお友達から「コロ」はオスの名前だよって言われたからなんですって。この辺がパパの家族のすごいとこなのよ。大物というか、世間知らず(笑)というか。普通だったら名前をつける時点で「コロ」は男の子の名前って気がつきそうなものよね。あー、もしかして私パパのお家に来た時は男の子だったの。えー、もしかして私オカマちゃんなのー。あー、痛い。またママに怒られちゃった。分かっている、ジョークよ。ジャスト・ジョーク。まったく頭固いんだから。へへ。とにかく未来の大スター候補が「犬っころ」の「コロ」って呼ばれるのはどうもね、とママは考えたとか。もちろん「コロ」の名前はみんな気に入っていたのよ。何よりも私が一番気に入っていた。でもみんなからするともう少し女の子っぽい名前の方がいいんじゃないかって。それでいまさら「サリー」でもないし、撮影現場に入って呼ばれた時に少しは気品があった方が「コロ」のためだろうって思ったらしいの。親心ってやつね。

「そうだ、この子の血統書があったはずだ」

「あった、あった！」

そこにはパパもママも思いもよらないような立派な名前がついていたの。「瑞穂姫号」って。それが「川村瑞穂」誕生の決定的瞬間。

「うーん。犬らしくなくてなかなかいいわ」

その名前を見た途端パパもママもおねえちゃんも未来の大スターを思い描いちゃったみたい。まだまだ、仕事が来なきゃ名前負けよ。そんなに焦らないで！

でもそれを裏付けるかのような出来事が女優デビューをしてすぐに起こったの。ドラマ『ハッピー2』で共演したベテラン女優さんがスケジュール表の出演者名の中に「瑞穂」と書いてあるのを見て、

「一体誰かしら。そんな女優さんいたかしら？」

って実際の瑞穂に逢うまで気になっていたらしい。

私だと分かった時に大笑いしていたわ。紛らわしい名前でごめんなさい。でも戦略としてはうまくいったようね。本物の女優さんに間違えられるなんて。パパとママは、もしかして辣腕プロデューサーだったりして。

飼い主から：自分のペットを売り込む時は積極的になりましょう。ただし規定を守らなかったり常識を逸脱したりすると逆効果になるということを十分考えておかなければならないと思います。ペットモデルに採用された理由は、後で聞いたところでは飼い主が本当に自分のペットをかわいがっているかどうかだったそうです。採用されると日本ペットモデル協会の説明会があり、協会が作成した写真集にペットの写真を掲載します。写真はその場になってプロに撮ってもらう方法もありますが、いつでもどんな時でもすぐに用意できていることが必要だと思います。特に仕事が入ってくると、いつ写真の提出を要求されるか分かりません。子供の時、遊んでいるところ、他の犬仲間と一緒のところ、寝ているところ、正面、側面、得意な仕草など、色々な要求に対応できるように普段から準備しておく必要があります。どんなにペットがかわいくても飼い主が問題でうまくいかないということも少なくないそうです。飼い主の性格や仕事に対する姿勢、また人に接する態度なども仕事を進めていく上では大切です。さりげなく自分のペットをアピールし目立つことも必要ですが、仕事はやはりタイミングや運が影響することを、私自身、身をもって知りました。

9　初めての仕事

ラッキー！　早速仕事はやってきたわ。「我が家のアイドルが人気もののコロちゃんになって、そして多摩川の女王様を経て、後はスター街道まっしぐら!!」って、違う、違う。まだまだはじまったばかり。あんまり大騒ぎしないでよ、まったく！

私にとって初めてのお仕事は川本真琴さんの写真撮影のモデルだったの。歌手の川本真琴さんがソニー・マガジンズの雑誌の中でカメラ撮影に挑戦して、プロのカメラマンと川本さんの腕を比較するって企画。でその被写体に「瑞穂」がモデルとして登場するって訳。でもここだけの話だけど、それでもしカメラマンの写真より真琴さんの方が上手だったら、どうするのかしら？　プロのカメラマン形無しじゃない？　えー、生意気言うんじゃないって？　分かりました、分かりました。初めてのお仕事で緊張しているから、ちょっと神経が昂ぶっているのよう。ごめんなさい。

初仕事のその日、ママは私を愛車ボルボエステートに乗せて撮影現場まで連れて行ってくれたの(写真12)。ボルボは人気の車だし、クリエイティブで活動的なイメージもあるか

写真12　ボルボエステートと

ら駆けだしの女優の足としてはまずまずってとこかしら。センスも悪くないし、フットワークも軽いですよ、みたいな感じで。へへ。

まあ、そうは言っても私は何が起きたのか分からなかったわ。ただ、ママがいつもよりオシャレをしているから、これはただごとではないなとは思っていたけど。ママが緊張した面持ちで車を走らせ、着いた先は白金台のオシャレなビル。受け付けをすませてしばらく一階のロビーで待ったの。でもママも私も落ち着かない。近代的な都心のビルのロビーに犬っころの「瑞穂」がいるのはどうも場違いな気がして。それに外から入ってくる人がみんな「えっ？　なんで犬がいるの」みたいな顔をするのも気が気じゃない。それでママと私はビルの外で待たせてもらうことにしたの。ふー、やっぱり外はいいわ。どうもビルの中っていうのは性に合わないわ。

そして、いよいよマネージャーさんとのご対面。仕事の時は必ず日本ペットモデル協会からマネージャーさんが付くことになっているの。応募まではこちらが品定めされる立場だけど、きょうからは立場は逆転よ。なんてったって私は女優なんだから。気が利くか、段取りは悪くないか、しかと見届けてあげるわ。なあんて、ママから調子にのるな、のサインです。ハイ。ママには絶対服従です。マネージャーさんは小谷さん。特に小谷さんは以前動物関係の仕事に携わっていたとかで犬に関してもメチャ詳しいの。

「おひげカットしましょうか？」

小谷さんの第一声。エー、ひげを切る？　やめて、信じられなあい。私は体をよじったり、逃げ回ったり必死で抵抗。

「おひげがあると鼠さんみたいだし。おひげがない方がかわいいですよ」

小谷さんも負けてはいない。待ってよ。嫌だって言っているの。いいのよ、鼠でも。もともと私はハムスターに間違えられていたくらいなんだから。まったく小谷さんったら、やめてよ。ホント聞き分けがないわね。仕方ないわ。最後の手段。

「う〜っ、う〜っ」

唸ってやったわ。それでひとまずおひげカットはお預けに。まったく油断のならない世界だわ。私のひげを切ろうだなんて。

でも、何でも小谷さん、トリマーの資格を持っているとかでネコはおひげを切ることはできないけど犬は切ってもかまわないということをママに説明していたわ。ママは神妙に小谷さんの話に耳を傾けて、

「おひげを切っていいなんて知りませんでした。こんなことだったら昨日のうちに私が切っておくんでしたね」

って言っていたわ。でもママ、私は見抜いちゃったよ。そんなことよりママは私が見知

らぬ人に唸ったことで怖い犬だと思われないか、心証を悪くしちゃったんじゃないかって、内心ハラハラしていたでしょ。ごめんね。ママの気持ちは分かるよ。でもそれでなくても見知らぬ場所にきて緊張しているのに、おまけに初対面の人に目の前でハサミをちらつかせられたら、そりゃあ、私だって黙っていられないわ。でもママを困らせるのは嫌だから、これからは気をつける。ハイ。きょうの瑞穂は神妙なの。

しばらくして係の人に案内されて普段なら犬は乗れないはずのエレベーターに乗せてもらったわ。途端に世界が変わった。私の「犬生」?・が急転したの。「コロ」が「瑞穂」になったのよ。

「これがスターなのね、これが選ばれし犬の特権なのね。さっきまで場違いの雰囲気に居心地の悪さを感じていた、ただの犬っころだった私がVIP扱い。ああ、これは多摩川の女王様でも味わったことのない気分だわ」

チラッと横目でママを見ると、ママもまんざらではなさそう。でもいまだ緊張は解けないみたい。ママ、スマイル、スマイル。女は、何はなくても愛嬌よ。

そして撮影現場に。でも、あまりにもいつもと違う雰囲気にさすがの私もびびっちゃった。で、思わず「帰ろう、帰ろう」のポーズが出てしまったという訳。

「これは何のポーズですか?」

と雑誌社の方に聞かれたママは答えに困っていたわ。お仕事で来ているのにまさか「帰りたがっています」とは言えなくて、

「早くお仕事始めようって催促してるんです」

っていいながら、内心ハラハラだったみたい。ママごめんね。でもお仕事の意味だって分からなかったし、初めての場所って落ち着かないんだもん。

とにかく私は何かして欲しい時、ご飯やおやつが欲しい時、どっかに行きたい時、両手を合わせて上下に動かすポーズをするの。ところがそれが川本真琴さんには踊っているように見えたんですって。で、格好のシャッターチャンスとばかり写真を撮ってくれたの。真琴さんそりゃあ、もう大喜びで、この時の様子は音楽雑誌ソニー・マガジンズ『パチパチ』に記載されたの（写真13）。この時の私のポーズがのちに私のセールスポイントになる「頂戴ポーズ」なの。結構犬仲間には頂戴ポーズをする子は他にもいるわ。でも、そこは「女王様」なのよ。みんなより洗練されていて特別キュートだって訳、私の場合。「頂戴」をしても卑しく見えないなんて、なんて恵まれているのかしら。なあんてね。

真琴さんはたまたまご自分の実家で柴犬を飼っていたので、今回私にお声がかかったの。偶然、たまたま、まあラッキーだったたってことね。撮影時の私の手触りがものすごく柔かいって真琴さん喜んでくれていたみたい。ママのおかげよ、ありがとう。ママが愛情込め

写真13　頂戴ポーズ

てブラッシングをしてくれたことが実を結んだって訳。スターは多くの人に支えられて作り上げられていくものなんだわ。ふーん、そうなんだ。で、初めは何がなんだか分からなかったけど、何やらみんなでしゃべりながら和気あいあいのうちに撮影はおしまい。なあんだ、モデルなんて大したことないわね、私の手にかかればちょちょいのちょいよ。

そんな浮かれ気分のわたしとは裏腹に、またまたイロイロ気をもんでいたのが私のママ！ママは初めてのお仕事で、もし私が逃げたら大変と、ずっとリードをつないでいたの。もちろん、撮影が順調に終わった時には、

「何だ、こんな簡単な仕事なら、何回でもいいいな」

と思ったそうよ。でも、

「もしかして、この仕事が最初で最後かな。事務所に登録されているペットたちみんなにお仕事をさせるために、一応一回ぐらいは簡単な仕事がまわってくるのかも。でも二回、三回と続けてくるという保証はないわ」

という不安にも駆られて。ところが、その一方で、

「ドラマに出るコロも見てみたいなあ」

って。オイオイ、ママ。大丈夫？　ママの方が舞い上がっていない？　強欲じゃない？　でもいいじゃない？　たとえ、これが最初で最後のお仕事だったとしても。だってみんな

のコロが雑誌に載るんだよ。ママだって信じられないでしょ？　ああ、今から発売日が待ち遠しい。私の愛くるしい姿が日本全国のファンの前にお目見えするなんて……。ところで、ママ、発売日はいつかな。

「エーと、いつ、なんていう雑誌にでるんだっけ？」

もう、ママったら、またやったのね。本当に抜けて？　いるというか、かわいいんだから。結局ママのうろ覚えの記憶によるところの発売日近くになってパパがあちこちの本屋さんを探し回り、私の晴れ姿を見つけ出してきたの。みんな、家族中で嬉しそうに雑誌を何度も何度も見ていたわ。これがアイドルのお役目なのね、見ている人みんなに幸せを与えるのが。それが、神が私に与えたもうた大事な役割なのよ。フフ。

そして「瑞穂」として新たな一歩を踏み出した私にさらなる追い風？　が吹いたの。ママの念願だったドラマ出演の仕事が入ってきたのよ、ついに。ドラマは薬師丸ひろ子さん、鹿賀丈史さん出演の『恋愛中毒』。薬師丸ひろ子さんが人を愛しすぎて、ストーカー寸前のことまでしてしまうってドラマだったの。パパとママは台本を見て喜ぶやら、心配するやらで大変だった。ネネ、女優は私なんだから、少し落ち着こうよ。まったく浮き足だっちゃって恥ずかしいったらありゃしない。ま、私も嬉しくない訳じゃないわ。というより、ま、嬉しいか。だってパパやママ、うきうきしちゃって若がえって、とっても幸せそうなんだもん。

でもこのあと私ももっと幸せな思いをするの。演技をするために普段はもらえないいろんなおやつをもらえたのよ。モグモグ。時々演技をするのが嫌になることもあるけど、モグモグ、こんなごちそうもらえるなら、モグモグ、私一生女優を続けるわ。ああ、女優冥利につきるわね。

飼い主から：普段からおやつなどでうまく操れるように訓練しておくと実際の撮影の時に上手に役をこなすことができます。特に餌を前にして「待て」をきちんとできるようにしておくことは絶対に必要なことです。コロは食べ物に対する執着心は非常に強いのですが、競争するのはあくまでも他の犬に対してで、人間に対しては完全に服従します。よく犬が食事をしている時にたとえ飼い主でも手を出すのは危険だといわれますが、コロには当てはまりません。食べている口の中に手を入れてもまったく怒りません。コロは人間に対して食べ物で争うことはないのです。こういう習慣が身についていれば初めて出逢った女優さんから手渡しで食べ物をもらっても、噛み付くことはありません。また食べ物を前にしても「待て」の合図に従うことができるので、焦って相手の手を噛んだりはしません。これは特に俳優さんと触れ合うシーンがある役をこなすときには絶対に必要です。万が一にも俳優さんにけがをさせる訳にはいかないからです。

10 仕事をもらえるための努力

深い意味もなくなんとなく始めてしまったこのお仕事。でもパパとママは真剣そのもの。ホラ、素人の道楽みたいに思われるのも嫌だし、何より撮影現場で私がちゃんと演技ができないと、その場にいるたくさんのスタッフの人に迷惑がかかるでしょ。私たちは必ず本番前に何回も演技の練習をするようにしているの。そのたびムチは飛んでくるわ、蹴られるわ、平手打ちが飛び交うわで、もう大変。「キャーッ、パパ、ママ、ぶたないでえ、なんでも言うことききくから」って。あらまた虚言癖が、なあんてね。

でも、いくらがんばってもうまく演技ができないまま、本番に臨むこともあるわ。ところが不思議に本番では監督さんの「ＯＫ」の声。そうなの。瑞穂は本番に強いタイプ。そこんとこ強調しておいてちょうだい。でも実はうまく演技をするとママがスッゴイほめてくれるんだ。私はママッ子だから、もうそれが嬉しくって。やっぱり親の愛がないと、素晴らしい女優にはなれないってことかしら、ね。

愛娘のために真摯な姿勢で仕事に取組む両親。パパとママはタレントの親の鑑でしょ。でも実はパパとママが意外にも負けず嫌いだって分かったこともあるわ。ある時「ワン」とほえるCMの仕事の話が来たのね。でも私はずっとマンション住まいだったから吠えたことがほとんどなかったの。吠えちゃいけないって言われていたから。結局、その仕事は断ったんだけど。

でもよっぽど悔しかったのね、パパとママったら次のお休みの日に救助犬の訓練をしているところに見学に行ったらしいのよ。救助犬っていうのは何かあると人間に吠えて異常を知らせなくちゃいけないから、そこでママは早速「吠える」練習方法を勉強してきたって訳。実はその時私はもう五歳になっていたの。だからそこで新しい技？を身につけるのは至難の業だったの。子供の時なら、すぐ自転車に乗れるようになるけれど、大人になって練習してもなかなか、上達しないのと同じよ。それでも努力のかいあって今ではパパやママの指の合図で上手に吠えることができるようになったわ。まったく人間っていうのは身勝手なものね、吠えるな、吠えろって（笑）。でもまあその方が仕事をする上で私の役の幅が広がるし、撮影現場のみんなに迷惑をかけないことになるんだったら、いいのかしら。そうね、「コロ」は吠えちゃいけないけど、「瑞穂」は吠えてもよいってことね。そうやって公私のメリハリをつけるっていうのは気分転換になるかもしれないわ。その他にも私は、指手の合図で、「座れ」、「伏せ」、「待て」、「来い」、「チンチン」などができるのよ。基本とはいえ、できないお犬様だって多いのよ。

そうやってたくさんの芸ができると言っても撮影現場ではつねに私が主役とは限らないでしょ。特にまだまだ駆けだしなもので、ハイ。出番までの待ち時間も結構長かったりするの。

「ハイ、それでは本番いきます。用意、スタート」

あたりはその瞬間シーンとなって、主役の薬師丸ひろ子さんの声だけが響く訳。くしゃみや咳はもちろん、ほんのささいな音でも出しちゃいけないの。でもそんな緊張感の中で、

「ウワーンオン」

「ハイ、カット」

アチャー、やってしまった。退屈のあまり私は、ついあくびともつかない唸り声をあげてしまったの。ママ、ごめんなさい。またあ、ママそんな哀しそうにしないで。朝まだ暗いうちから車に乗せられて知らないところに連れてこられて、ただただ待つだけの時間が数時間も続いたんだよ。いい加減嫌になっちゃう私の気持ちも分かってよ。でも、ハイハイ、分かりました、以後気をつけます。

そうは言ってもドラマに出演していた薬師丸ひろ子さん、鹿賀丈史さん、宮本裕子さんはみんな優しかったたし、監督さんはじめスタッフの人もみんな私を見ると近寄ってきてな

でてくれていたわ。リップサービスならぬハンドサービスね。正確に言うとスキンシップね。人からなでられるのは気持ちよいし、かわいがってもらえるのはやっぱり気持ちがいいもんよ（写真14）。デレデレ。だらしがないけど、愛玩犬とはよく言ったものだわ。

飼い主から：自分のペットをテレビドラマやCMに出演させることができるということは私たち一般人の日常生活の中ではきわめて特別なことです。しかし撮影関係者にとっては毎日行われている仕事です。私たちはその一部を担当しているスタッフだということを絶対に忘れないようにしなければなりません。撮影現場では必要な時には積極的に行動し、不要な時には絶対に動かないように気をつけましょう。何よりもその場の状況を判断し、スタッフの行動をみて、事前にできる限り確認を繰り返しながら、常識をもって行動することが大切です。さらに事前に用意しておいたほうがよいものがいくつかあります。

ＦＡＸ：

日本ペットモデル協会から仕事現場の地図や入り時間などのＦＡＸが入るので必要不可欠です。前日に急に仕事が入ることはよくあることです。犬を連れていくので車で移動することがほとんどですが、事前に現場の地図を確認して時間に遅れないように

写真 14 『恋愛中毒』の監督さんとスタッフの皆さん

余裕を持って到着するように気をつけましょう。

携帯電話‥

現場に到着すると同時に当日の担当マネージャーに、まず連絡を入れなくてはなりません。また撮影の合間に犬のトイレを済ませる時などは、いつ撮影が再開されるかもしれないという不安もあります。そんな時マネージャーから撮影再開の呼び出しがかかることがありますが、携帯電話を持っていればすぐに撮影現場に戻ることができます。

音のしない靴‥

スタジオは私たちが想像している以上に静かです。コッコツ歩く音は特に響きます。スタッフや関係者はたいていスニーカーや音のしないスポンジ底のサンダルをはいています。余計な音をたてることはたくさんの人の気を散らすことにもつながり、撮影そのものの迷惑にもなりかねません。

車‥

動物を連れているのでほとんどが車での現場入りになるはずです。車の免許証を携帯し、いつでもどこにでも移動することができるようにしておくべきです。家庭犬が仕事をする場合、一般的には、ほとんどが家庭の主婦が連れていくことになると思います。ご主人が休みの日に動物の仕事があるとは限りません。せっかく仕事が入っても免許がないために泣く泣くあきらめることになるのは、せっかくのチャンスを逃がしてしまうことです。また、撮影が時には深夜にまでずれ込むこともあるので帰りの足を確保するという意味でも車は必要です。

訓練‥

外でリードを外して撮影をする場合もあります。普段リードを外して外で遊ばせることはあまりないと思いますが、初めての本番で逃げ出してしまった犬もいるようです。その時は飼い主もスタッフも顔面蒼白でそこらじゅうを探し回り大変なことになったそうです。慣れない場所で大勢のスタッフに囲まれ、しかもカメラやマイクが自分の方に集中していれば犬が不安になるのも当然です。タレント犬を目指すにはリードがなくても飼い主の命令で「待て」が完全にできることは大事なことです。それにはやはり小さいうちから訓練をしておく必要があるでしょう。

11 ドラマ『恋愛中毒』の撮影について

「女優犬瑞穂の誕生」

それは今考えるとまさに運命的な出来事だったわ。撮影初日の朝、ママが私を車で連れて行ってくれる時に、もし遅刻をしていたら、その後の私はなかったかもしれない。一瞬の判断がその後の人生を大きく変えてしまうことは人間同様、私たち動物にとってもあることなのね。それは人との出逢いも同じ。一期一会って言うでしょ。どんなことでも一生に一度限りって思いながら、一瞬一瞬を大切にすることが必要だと思うの。その時身にしみて感じたもの。なあんてちょっと知性的な女の子風に演じてみました。

記念すべき女優としての初舞台の日。その日は私の他にあと二頭の柴犬がカメラテストを兼ねたオーディションという事で呼ばれていたの。だけどそのうちの一頭が朝の渋滞に巻き込まれて、しかも高速の出口を間違えたとかで遅刻しちゃったのよ。それで自動的にその犬は選択対象からもれちゃったという訳。で、結果的には私に役が決まったんだけど。ただね、ここだけの話、パパもママも絶対私が選ばれると思ってたんだって。親ばかね、そんなこと分かんないじゃない。え、現実的だね、って。そりゃ、そうよ。私だって世の中の荒波にもまれて？ いつまでもお嬢様犬じゃいられなくなったわ。大人になったってこと。へへ、ホントかな？

実は、このドラマの役の話がきたのはすっごい突然のことだったの。

「一旦引き受けたら数カ月間キャンセルはできませんよ。それと撮影場所の鎌倉や横浜まで平日でもきちんと連れて行くことができますか」

って、ママは日本ペットモデル協会の担当者に何度も確認されたらしいわよ。ママは、ドラマなんて願ってもない話だから、絶対逃す訳にはいかないわって息巻いちゃったの。車で鎌倉まで行く自信がなかったのによ、「大丈夫です」って二つ返事しちゃったんだから。ママすごい必死。となったら私もママの期待に報いない訳にはいかなかったわ。だから私は電話が来てからオーディションの当日までママに連れられて毎日すぐ近くの神様にお参りしたの。

「どうぞ瑞穂に決定しますように」

って。でもママ、本当に自信があるんなら、神頼みなんて、必要ないのよ。私の実力をもってすれば、何でもないことよ。って、さっきとずいぶん違うわねって。へへ、そうね。

そして、ドラマ撮影のクランクインの日に私を含めた三頭の犬が集められて、その場で監督さんがオーディションをすることに。当日の朝、パパが心配そうに見送ってくれた。結果オーライだからよいけど、ママ、いくら役につきたいからって、あんまり無理しちゃダメ。パパも心配そうだったけど、助手席に乗っている私も現場に着くまでは息を抜けなかったわ。ママの気迫に負けてあの時はなんにも言えなかったけど。でもママも本番に強いタイプなのね。ママと私は早めの到着で七時にはもう現場に。ママはパパや私の心配をよそに途中道に迷うこともなく、難なく現場入りを果たしたという訳。

現場に着くとスタッフの女性たちが私を見て、

「かわいい。この子が陽子ちゃんかしら」

と黄色い歓声で私を歓迎してくれた。悪い気はしないわね、さすがに。この時私はスター誕生の瞬間を実感したわ。フフ。ママもさっきまでの鼻息はどうしたのかしらって感じて、ニコニコと嬉しそう。ママは車を指定された駐車場に停めると、ヤヤ、そこに何やら怪しげな人影。おのれ、だまし討ちとは卑怯ぞよ、名を名乗れ。って違う。もうまたきょうも瑞穂はテンションが高いわ。で、その子はポポちゃん。私のライバル。ポポちゃんときたら、しきりに私にラブコールしてくるんだけど、私はなるべく目を合わせないようにしていたわ。ごめんあそばせ。えー、愛想が悪いですって。仕方ないでしょ。今日までママに箱入り娘として育てられたのよ。そんな簡単にシッポはふれないわ。ママはツンとすまし

たクールな私を見て、なんだか申し訳ない様子だったけど。でもしっかり、ポポちゃんをチェック。内心、

「やった！　瑞穂の勝ち」

ってママは思ったらしいの。もちろん当の私はライバルなんて意味すら、分からない。ただなんとなくポポちゃんよりは私の方が上、みたいな気はしたの。それはホラ、犬社会の中での順番というか、立場というか。私なりに値踏みをしたということね。ところが世の中ってそううまくはいかないものよ。小谷さんが血相かえてやってきて何やらママに耳打ちを始めたの。

「もしかしたら、瑞穂ちゃんは綺麗すぎてだめかもしれないです。ドラマの役柄の犬はどっちかって言えばポポちゃんのほうが合うみたい。スタッフの人が、拾ってきた犬にしては瑞穂ちゃん綺麗すぎると言っていましたから」

なにっ？　上等よ、綺麗すぎるから、使えないって。そんな役はこっちから願い下げよ！と鼻息を荒くする間もなく監督さんがやってきたの。

「監督、どっちの犬にしますか？」

監督さんは迷わず瑞穂の方を指さし、

「こっちで行こう」

女優犬瑞穂誕生の決定的瞬間。やったー。嬉しい。あー、よかった。決定した。ママも大喜び。ママは何か演技でもしてオーディションが行われるんじゃないかと心配していたんですって。でも第一印象で決定なんて、嬉しい。やっぱり大物は知らず知らずのうちに本物の輝きを放ってしまうのね。オーラよ、オーラ。へへ。あ、でもママ、ママ、そんなに喜ばないで、落ち着いて。太っちょだけどかわいいポポちゃんに悪いよ。

そしてその後すぐに、主役の薬師丸ひろ子さんや鹿賀丈史さん、他の俳優さんたちが全員そろったところで、監督さんから出演者たちの紹介があったの。

「水無月美雨役の薬師丸ひろ子さんです」

円陣になって他の役者さんやスタッフの人たちが拍手で迎えていたわ。なんか仲間って感じで、瑞穂思わず目頭を熱くする。でね、最後に、真打登場!

「陽子役の大物女優瑞穂ちゃんです」

って違う、違う。でも瑞穂が紹介されてママはびっくりしていたわ。

「うちのコロが、いいえ、瑞穂ちゃんが他の有名な俳優さんたちの中に入って一人前の役者さんのように紹介されている」

目頭を熱くしていたのはママもおんなじだったみたい。特に監督さんのやさしさが身にしみたらしいわ。

「すごい！　瑞穂ちゃんはもう今日から女優犬としてスタートしたんだあ」

何か今にも泣き出しそうだったもん、ママったら。きっとあの時ママの頭の中にはハムスターと間違えて買って来てしまった、いたいけなコロの姿があったんだと思う。その後の生きた心地のしない最悪の二週間。ママにとっては人生最大の試練だったかもね。なあんて、ママだってそんなに苦労知らずじゃないわね。そんなこんなでママと私が感涙にむせいで？いるのもつかの間、芸能界の厳しさを思い知らされるようなアクシデントが。

撮影の準備が進められている間少し休憩していると、遅刻して役からもれたもう一頭の柴犬が飼い主に抱かれてこちらにやってきたの。

「お宅が役に決まった犬ですか？　うちの子は訓練もすんでいて何でもできるのよ。でもね、高速道路の出口を間違えて時間に間に合わなかったのよ」

唐突にママにそう言い出したの。もちろん腕に抱かれている柴犬を見るとかわいい賢そうな犬だったわ。でも、決定を下したのは監督さんだし、ママはなんと答えたらよいのか返事に困っていたわ。まして女優経験のない私はなんだか申し訳ない気もしたの。でも、

「待ってよ。違うと思う」

瑞穂の負けん気がムクムクと頭をもたげてきた。だって決められた時間に遅れることはもう、そこで選ばれる対象外になるってことなんだよ。時間を守るのも仕事でしょう。マ

マなんか、ロングドライブには自信がなかったけど、それだからこそすっごい早くにお家を出たんだよ。早く着く分にはいくらでもその場で待てばいいし、疲れたら車の中で休んでいればいい。待つことも仕事のうちと思えば何でもないじゃない。早く着いたらその辺をお散歩して、トイレをすませておくのも大切なこと。

でも、その時ママはママなりに考えていたんですって。

「もしこの犬が早く来ていたら瑞穂は選ばれていたかしら。かわいいし賢そうだし、自信がないなあ」

すっかりステージママの部類。待ってよ。ママ。そんな勝ち負けに固執するみたいな考え方、ママには似合わないよ。いや、もちろんいつでも真剣勝負なんだけど、でも、実際ラッキー、アンラッキーっていうこともある訳だし。ところが、ママは大人ね。あとで聞いたらせっかくのチャンスを遅刻で逃してはならないということを教わった思いがした、ですって。いずれにしろ、撮影を直前に控えてのことだから、集中、集中。気が散っていたら、演技に身が入らないわ。女優の初舞台、何としても成功しない訳にはいかないの。私は役作りに集中するため頭の中をクール・ダウンさせたの。なあんて、んな訳ないでしょ。

さて、いよいよドラマの撮影。最初のシーンは俳優の鹿賀丈史さんが陽子ちゃんという飼い犬を連れて散歩の途中で薬師丸ひろ子さんのお弁当屋さんにお弁当を買いに来るという設定。二人の主人公にとっては運命の出逢いのシーン。重要なワンシーンよ。あ、でも瑞穂はリードにつながれたまま、ただ引っ張られて歩くの。大した演技はいらないのよ。なあんだ、肩に力入れすぎて損しちゃった。

でも、やっぱりそうは簡単にはいかないわ。カメラが回っているのなんて初めてだし、なんかさすがに緊張して、ママの姿ばっかり探しちゃった。

「ねえ、ママ、どこにいるの」

えっ、さっきまでの勇ましい瑞穂はどうしたかって？ 仕方ないでしょ。こんなに知らない人たちに囲まれているんだから。で、私はキョロ、キョロ。監督さんからなかなか「OK」がもらえない。しかも今度はママの姿が見えない。

「ウソ、ウソ、ママ私をおいてちゃったの。ママ、ママ‼」

結局ママがカメラと同じ位置から瑞穂を見ることに。

「あー、よかった。ママだ。私ほえたり、暴れたり、逃げたりもしなかったよ。ママ、偉いってほめて。ねえ、頭なでなでしてったら」

瑞穂緊張のあまり赤ちゃん返りの巻でした。●

お家に帰って、ママは日本ペットモデル協会にFAXで報告をいれたわ。すぐに協会の土屋さんからファックスが返ってきて。

「瑞穂ちゃんに決まってよかったですね。おめでとう。オーディションはまるでお受験のよう。ドラマは長い期間の撮影になるのでがんばりましょう」

確かにきょうのママの喜びようといったら、受験の発表を見に行って、当の子供以上に喜んでいる母親の姿だったわ。もっともママも、土屋さんのFAXを見て、

「おねえちゃんたちの小学校受験を思い出したわ。まるであの時の気持ちそのものだった。発表の日のあのドキドキした気持ち、緊張感。本当にお受験でした。お疲れ様、瑞穂ちゃん」

って思ったそうよ。ママこそお疲れ様。華々しい？女優デビューをママと一緒に果たせた私は幸せ。これからも瑞穂を温かく見守ってね。

●

ドラマ『恋愛中毒』はロケ現場がほとんど逗子だったの。しかも季節は、十二月、一月、二月と、一年のうちで最も寒い季節。番宣（番組宣伝のことです）なんかで、よく見るでしょ。極寒の地での過酷な撮影の超大作。みたいな感じで。だから屋外での、しかも真夜中の撮影は大変だった。もうみんな我慢大会みたいなノリ。CMなんかでもそうなんだけど、実際の季節と、画面の中の季節はほとんどが一致していないのが当たり前。でも、さ

すがに順応性の高い私は、寒風吹きすさぶ中でも、撮影の合間に豪華な町並みや、そびえたつ洒落た家々を見ながら、ずっと前からこの町の住人のような顔でちょっと気取って散歩を楽しんだわ。もちろんママと一緒よ。ママも私も小心者?ながら、結構その場の状況を楽しんじゃうタイプだから。

でも撮影はやっぱり大変だった。私は柴犬じゃない。あんまりむやみやたらにみんなに愛嬌を振り撒く訳にはいかないの。それでなくても柴犬っていうのは小さいから、場合によっては人から軽くおチョロく見られることもあるのよ。でも、そこは天下の柴犬よ。みなのもの頭が高い。ここにあろうお方をどなたと心得られる。天下の「川村瑞穂姫」にあらせられるぞ。って、これもおじいちゃん、おばあちゃんに説明してもらってね。とにかく気位が高いから、あんまり愛嬌は振れないの。プライドってものがあるでしょ。しかも私は特にクールなタイプだから、拾われてきた犬の役っていうのはチョットね。ホラ、陽子ちゃんは捨て犬だった訳よ。捨て犬っていうのはどちらかというと愛嬌勝負みたいなところがあるじゃない。だって取り澄ました捨て犬なんて、なんかかわいげがないもの、拾う方からすればね。

「ちょっとお、私にこんな役やらせるなんて、ミスキャストじゃないの。監督呼んできてよお」

って、違う。違う。役をいただけただけで光栄です、ハイ。でもママは私があまりにも取り澄ましているもんだから、いい加減、

「もう、わがままなんだから。お願いだから何とか上手に演技してちょうだい」

と神通力を送っていたらしいわ。よく動物タレントと赤ちゃんを一発OKにするのはむずかしいって言うでしょ。で、それは私も同じ。なかなか監督さんの意に添えなくて。でも、ここだけの話、大きな声で言うと動物愛護協会からクレームもつきかねないから、みんな注意して！　実は私、撮影の日は朝から何も食べさせてもらえなかったの。仕事中にお腹いっぱいだと食べ物にも興味を示さなくなっちゃって、もう演技どころではないからって。痛いところをついてくるわね。でも、そんなだましだまし？の作戦を前にして、さすがの私も実力を発揮できないこともあったの。ナントNG三回。

ママは真っ青。

「どうしていかないの。もう、ばかー！」

と、口汚く？私を罵っていたそうよ。ママにしてみれば私が上手に演技できないことで、他の俳優さんの分も全部撮り直しになってしまうことが何よりも申し訳なかったんですって。時には私のNG続きで、撮りが真夜中になってしまったこともあるの。なんとか、私はOKをもらえてようやく帰路に。でも、ほかの俳優さんの撮影はまだまだで朝まで続い

ちゃったんですって。極寒の中での撮影だから、ママは本当に申し訳なくて仕方がなかったらしいの。確かに、それはそうね、ごめんなさい。撮影って私ひとりで成り立っているものではないのね、当たり前だけど。

でも、それは後になって分かったこと。その時は正直言って、寒いし、眠いし、お腹はすいているしで、

「まったく私の自由を返して」

って感じだったわ。だけどママは、またここで落ち込んでいたの。

「このドラマを引き受けたのだから、わがままは言えないのよ。やるしかないの」

そう私を必死に奮い立たせるように言っていたけど、内心は、

「コロには女優犬なんて無理なのかな？　このまま続けるとかえってコロもかわいそうなことになるし、仕事をしている方たちにも迷惑をかけるのではないかしら」

って思っていたそうよ。挙句の果てに、

「もう、このドラマが終わったら仕事はやめさせようかな。それよりも、こんなにNGばかり出していたんじゃもう仕事も来ないかもしれない。ま、それならそれでも仕方がないワ」

とまで思っていたらしいの。ママ、私が上手に演技できないのは申し訳ないと思うけど、

そんなに考えすぎないで。内容が急展開するドラマをジェットコースタードラマって言う人もいるらしいけど、私に言わせるとママは、まちがいなくジェットコースターママだわ。ママ、もう少し、でんと、構えて、ホラ。ネ。瑞穂は新人なんだから、きっと皆さんも大目に見てくれるわ。

あ、でももちろん撮影現場ならではの楽しさも味わったわ。なんとあの薬師丸ひろ子さんに抱っこしてもらえたの。スッゴイ寒い夜だったのでひろ子さんもきっと温かかったはず。でもオフレコだけど何せ私体重が標準をちょっと超えているので重かったんじゃないかしら。ひろ子さんって、存在感はあるけど、画面で見るより、繊細で華奢なのよ。ゴメンナサイ、ひろ子さん、瑞穂ダイエットに励みます。

それと、パパとママにも幸せの瞬間はやってきたの。最後の頃にはひろ子さんと言葉を交わす機会ができたんですって。パパとママはひろ子さんの演技に対する集中力やせりふを覚えているところなどをそばで見て、当たり前のことだけどすごいプロ意識を感じたそうよ。とてもとても声をかけるなんて状況ではなかったとか。

でも撮影現場で偶然にも待ち時間が発生した時、ひろ子さんの方から声をかけて来てくれたんですって。ご自宅でやはり私と同じ「柴犬」を飼っていて、その犬はもうだいぶ年だという話を聞かせてくれたらしいわ。そういう素に返った時こそ、俳優さんたちの本当の魅力が光るんだと思うわ。いくら画面での好感度が高くても、実際に会うと冷たいとか、逆に悪役専門の俳優さんで、役がそのままその人のキャラクターとして捉えられている人でも実際にはすごく優しくてあったかい人だったっていうのは本当にあるみたいよ。あ、でもこれは女性週刊誌の受け売り。少なくとも私は、温かい俳優さんにしか出会ったことはない。そう、類は友を呼ぶって言うじゃない。性格の良い私の周りには自ずと人格者が集まるってことよね、フフ。

それにしてもついこの間まで雲の上の人だった大スターに抱いてもらえるなんて、もう思い残すことはないわ。パパ、ママ、お世話になりました。瑞穂若くして先立つ不幸をお許しください。エッ、まだまだお前を死なせる訳にはいかないですって。お前には元手がかかっているんだから、しっかり働いて、パパとママに返せよってですって。ハイハイ、分かりました。まったくパパとママって、ホント外面いいんだから。なあんて、ちょっと超現実的家族風に演じてみました。

とにかく、そんな風にしているうちに、私も結構現場の雰囲気に馴染んで。ホラ、そうなると生来の女王様感覚が黙っていない訳。いつまでも下っ端芸人？じゃ嫌なのよ。ところがそんな私にスターを実感させる出来事が起きたの。まあ、私に言わせれば起こるべくして起こった出来事なんだけど(笑)。あるアパートから奥様が陽子役の私をつれて散歩に出るシーンを撮る時のこと。奥様は宮本裕子さん、薬師丸ひろ子さんではありません、念のため。いつものように撮影開始時間より早く着いたのでスタッフの人たちが準備をするのをわきで待っていたの。そしたら撮影現場になるアパートを提供してくれたお家のご主人が私を見て記念写真を撮っていたの。え、スマイル？　いいわよ。綺麗に撮ってね。パチリ。その頃にはもう、ドラマの放映が始まっていたから私が陽子ちゃんだってことはみんなすぐ分かっちゃったみたい。え、スターの風格が滲み出ていたからですって。そうでしょ、そうでしょ。やっぱり隠そうと思っても無理よね。だって私はスターの資質十分の女優なんだもの。へへ。それで集まってきた子供たちとも一緒に写真を撮ったの。悪くないわあ。スタッフの人たちからは「かわいい」「きれい」と言われるし。これでますます女に磨きがかかるということね。

「あ、テレビに出ている犬だ」

と言われて、パパもママもすっかりまなじりを下げちゃって。嬉しそうに「どうぞ撮ってください」と言っていたわ。あ、パパ、ママ。左からだけにして撮影は。右から見ると二重アゴがくっきり写るのよ、そこんとこ、よろしくね。なあんて。

そうこうして、すっかりスターの仲間入りを果たした私。なあんだ、大したことないわ。多摩川での犬の仲間入りより、楽ね。何より、撮影現場で私にガンを飛ばしてくる？犬がいないのが最高よ。

そしてある日のこと。多摩スタジオでの撮影で、テラスのところで奥様におやつをもらうシーンがあったの。もう楽勝よ。しかもおいしいおやつまで食べることができるんだから、実をとっても、こんなにオイシイシーンはない訳で、ハイ。どう、どう、今度はさぶくないでしょ。

とにかく黙っておすわりをして奥様役の宮本裕子さんがおやつをくださるのを素直に食べればいいの。私の得意技よね、この辺は。心配するまでもないわ。パパはその日も仕事を急いで終えて私についてきてくれたの。建前は私のことが心配だから。だけど本音はもうすっかりステージパパの気分なの。パパったら裕子さんにおやつのあげ方を指導しているんだからやんなっちゃう。パパ、得意げな表情が見え見えよ。もう、パパも意外と分かりやすいんだから。まあ裏がないとも言うけど……。

さあ、本番。おやつをパクパク、オイシイ。でも、まだ手にある。パクパク。エッ、待って、裕子さん、そりゃないわ。せりふに気をとられて、おやつをお預けにするなんて。

「ネエ、ネエおやつ欲しいよ。ネエ、頂戴、頂戴ったら」

ついに私の頂戴ポーズが。またも大受け。監督さんから、

「瑞穂ちゃんとてもよかったよ」

と初のおほめの言葉を頂いたわ。いつもは「よかったよ」は言ってもらえても「とても」はつかないのに。ブラボー、ブラボー。拍手はいつまでもなりやまず。エー、なんのこと？　この差は何？　私はただ裕子さんの手にあるおやつが欲しかっただけ。でもまあ、ほめられれば悪い気はしないわ。ところがこの頂戴ポーズがのちに私の売りになったの。もちろんまだこの時は誰も夢にもそんなこと思わなかったらしいわ。私にとっては本能の赴くままに頂戴をしているだけ。でも、だからこそ迫真の演技に見えるのね、きっと。

撮影も終盤に近づくと、女優さんたちの熱のこもった迫力ある演技にもちゃんと私がついていけるようになったの。その場の雰囲気っていうの、空気を読み取ったってことかしらね。私は勘がいい方だから。ふふ。ママはそんな私を見て、

「この子はやっぱり女優犬になるべく、生まれてきたのかな」

とすっかり親ばかぶりを発揮していたそうよ。まあ、原石が磨かれてまばゆいばかりの輝きを放っていたんだからママがそう思うのも仕方ないわ。

「ママ。見ていて。ママの期待に応えるべく世界の瑞穂になってみせるわ」

って、親子そろって、誇大妄想の気があるのかしら。まあ、一歩、一歩確実に進んでいきましょ。

『恋愛中毒』での私の撮影が終了する日、スタッフや主役の薬師丸ひろ子さんはじめ他の

俳優さんにご挨拶をしたの。

「記念すべき女優の初舞台、皆さんとご一緒させて頂き光栄でした」

帰りしなテレビ番組の雑誌『ザ・テレビジョン』の取材の人にカメラで写真を撮らせてくださいって言われたわ。

瑞穂は満面の笑みでそれに応えました、ハイ。

飼い主から：撮影現場はそれこそ秒刻みで進行しています。約束された入り時間に遅れることなどあってはならないことです。また最初のうちは極端なことをいえば自分の犬をドラマに出したいという自分の欲求ばかりが募り、何がなんでもやり遂げなければならないという責任感はついてきませんでした。責任感が生まれると今度は引き受けたからには何としても成し遂げるべきだという思いと、自分の愛犬に対して本当に申し訳ないという思いの中で「葛藤」を引き起こすのです。振り返ってみて言えることは、私たちがもしこの「葛藤」のない人間であったなら最後まで責任をもって撮影に参加はできなかっただろうということです。もちろん、仕事の一員としての使命感は当然ですが、やはり愛犬に対する愛情を見失ってはなりません。冬は寒く夏は暑く、そんな中での撮影が当たり前なので、犬の体調をきちんと把握して水筒やお菓子

などを少し多めに用意しておく必要があります。また、待ち時間が非常に長いことも
あり、犬がうまく演技ができるようにするために、犬を飽きさせないということも飼
い主としては大事なことです。飼い主は、犬のコンディションを整えることをすべて
において優先して考えなければなりません。そのためには犬だけでなく自分の体調に
も気をつけるべきです。また俳優さんやスタッフの皆さんの邪魔をしないことが最低
限のルールです。普段、写真やテレビ画面でしか見ることのできない俳優さんがすぐ
そばにいるので、つい声をかけたくなる気持ちが生まれるのは当然ですが、やはり俳
優さんの集中を欠くことは決してしてはいけません。自分たちも犬の付き添いで来て
いる「仕事」だということをくれぐれも自覚しましょう。私たちのような素人がこの
世界の仕事に加わらせて頂くにあたり、参考にする前例はまったくといっていいほど
なく、ただ日本ペットモデル協会の指示に従い常識を持って行動するしかありません
でした。ただ私たちにとって幸運だったのは、ドラマ『恋愛中毒』の監督さんをはじ
めスタッフの皆さん、さらには俳優の方々にまで瑞穂と私たちを温かく迎えいれてく
ださったことです。初めての世界でまごつきはあったものの多くの方に励まされ、な
んとか無事に撮影を終了することができました。その後のドラマやＣＭでも、瑞穂は
いつもプロデューサーや監督、スタッフの皆さんにかわいがってもらえたので無事に

役をこなしてこられたのです。もちろん私たちも真剣に取組みました。ドラマ撮影が終了した時は私たちもコロ（瑞穂）も大役を終えて本当にやれやれという気持ちでした。終了した時は疲労感もさることながら、普通なら経験できない貴重な体験をしたことの喜びの方が大きかったように思います。でき上がったドラマを見る時が私たち飼い主にとっては何よりの楽しみです。撮影現場にいただけにその場の臨場感や緊張感を改めて思い出します。今まではただ作られたものを一方的に楽しむ観客の立場でしたが、少しだけ作り手の気分を垣間見させてもらいました。私たちは「瑞穂」を通して非常に有意義な経験をさせてもらったのです。

12 ペットフェスティバル

『恋愛中毒』で思わぬ才能を開花させた瑞穂。その後はもう飛ぶ鳥を落とす勢いで、この年の賞という賞を総なめ。どんな俳優さんと共演しても完全に主役を食ってしまう女優犬の誕生。瑞穂は今や押しも押されもせぬ大スターです。って、あー、またやっちゃった。ごめん、ごめん。これは瑞穂の願望。つまり夢の中のお話。ごめんなさい、皆さん。瑞穂を勘違い駆けだし女優と思わないで。

その日事務所の小谷さんから電話がありました。お台場でペット博覧会があって、その中で昨年度テレビや雑誌で活躍したスターペットを集めてペットのアカデミーショーを決定するっていうお話。アカデミーよ、アカデミー。私の女優デビューはまちがいなく成功したということね。『恋愛中毒』での撮影の苦労が走馬灯のように私の頭の中に浮かんでは消えたわ。って違うでしょ。まったく話が前にすすまないったら、ありゃしない。

ママはこの日親戚の結婚式に出席しなければいけなかったので、パパとお姉ちゃんたちと私で出かけたの。会場はもちろんペット同伴で入場できるの。たくさんの人が自慢のペット君を連れて大変な賑わい。ところがなぜか私も会場の入り口で開園を待つことに。えー、スタッフパスはないの。出演者を外で待たせるなんて、プロデューサー、ちょっと仕切りが甘いんじゃない。私はアカデミー賞候補なのよ。え、もういいかげんにしなさいって。ハイハイ。

でね、その時私を見て周りの人たちが、「かわいい」と言って近づいてきたわ。私はもともと知らない人たちが近づいてきても、飛びついたり噛みついたりはしないから、まあ、その辺はパパも安心よね。ただ、何かあったらいけないから、パパはリードをしっかりつかんだままで、近づいてくる子供たちに私を触らせていたけど。まあ、用心に越したことはないわ。だって、私がいつ野生にかえるか、分かんないもん。ってそんなことはありません。

ひとしきりファンとの生の触れ合い?を楽しんでやっと、開園。係の人がやってきて、ステージに上がる順番や私の特技を聞いていたわ。でも、私はお得意の「頂戴ポーズ」で帰りたいと意思表示しちゃったの。周りには受けていたみたいよ。もっとも私は受けたいからじゃなくって、ただ帰りたいだけだったんだけど。

だけどそこはホラ、スター犬瑞穂の存在は大きいのね。周りのみんなを触発しちゃったたっていうこと? 「頂戴ポーズ」を見ちゃったもんだから、いっしょにステージに上がるペットの飼い主たちに火がついちゃって。そこに集まったペットはそれぞれＣＭやドラマなどに出演して活躍中のスターばっかりだったから、もう戦場よ。色々な愛憎や情念が渦巻いてって、違う。みんなライバル意識を剥き出しにしてたみたい、特にパパとママたちがね。

そんな中アイディアマンの瑞穂のパパは、

「よし、ここは三姉妹のかわいさで勝負だ」

とばかりおねえちゃんたちと私をステージに上げたの。でもパパ、自分の娘のことはもう少しちゃんと知っといてくれなくちゃ。もともと私たちは女を売りにするのは好きじゃないタイプ。ホラ、いるのよ、どこにでも。欲しいものがあったら巧みに女を利用するタイプ。いやあね。私たちはそこまでしたいとは思わないわ。媚を売りまくるって、はたから見ていて、見苦しいものよ。と、ここは会社のお茶くみ場のＯＬ風に演じてみました。とにかくその日に限っていえば、パパの思惑は大はずれ。おねえちゃんたちが恥ずかしがっちゃったし、私も上手にかわいさをアピールできなかったのよ。ごめんね、パパ。パパが夢に見た美人三姉妹の夢の共演は企画倒れで終わっちゃったわ。

で、結果発表です。本年度のアカデミー賞はシェパードのダイアンちゃんでえす。え、そうなの。『恋愛中毒』の撮影の時一度逗子のロケ現場で一緒だったあのダイアンちゃん。確かに大きなお屋敷の中から外に向かって見事にワンワン吠えるシーンを難なくこなしていたわ。ちなみにその日のアカデミー賞部門賞もほとんどダイアンちゃんのひとりがち。すごいわねえ。パチパチ。

結局、私は何一つ賞を取れなかった。いいのよ、いいのよ、無冠の帝王っていうのがあるでしょ。真の実力者はそんな権威主義とは関係ないところで役作りに専念するものよ。ア、痛い。またママにぶたれた。えー、何ですって。もしママがいたら絶対賞は取れたですって。来年こそ、取りなさいよですって。もう、ママったらそんなにプレッシャーかけないでよう。

13 次々にやってくる仕事

『恋愛中毒』の撮影が終わってしばらくオフ気分を味わったのもつかの間、五月になるとまたドラマの話がきたの。ちょうどいい充電期間だったわ。あんまりオフが長いと、勘が鈍っちゃうから。瑞穂女優進出第二弾は人気の高かった高岡早紀さん主演の連続ドラマの二作目。タイトルは『ハッピー2』。前作はかなりの視聴率だったから見た人もいるかしら。盲目の早紀さんと、早紀さんの目になる盲導犬「ハッピー」の心温まるヒューマンドラマなの。私はシリーズ第二弾の頭、第一話から三話までに出演する遠藤久美子さんが飼っている犬のクッキー役に選ばれたという訳。シリーズものっていうのは視聴者の期待が大きいの。すると制作者側も当然力を抜けなくなる。しかもシリーズの頭で大体そのドラマの評価が決まるから、出演者としても気は抜けないのよ。しかも私が出演する一話から三話では私が演じるクッキーを中心にしてストーリーが展開していくのね。だから『恋愛中毒』の時以上に色々な演技が要求されたわ。もちろんそれだけにやりがいもあるって訳。

あ、でもノッている時ってこういうものなのね。『ハッピー2』の撮影が始まってすぐ、その後あわせて三つの仕事が入ってきたわ。

「まだまだOKよ。何しろ、パワーチャージして、気力もエネルギーも大充実なんだから」。

で、その三つの仕事のうち、まず一つ目はテレビ朝日、『スーパーJチャンネル』の取材。「ズーズー図鑑」という動物を扱うコーナーで私を取り上げてくれるという企画。そこで私のことを「頂戴犬」として紹介したいとのことだったの。そう、私が感情を表した「頂戴ポーズ」はすっかり私の専売特許。頂戴犬瑞穂は登録商標みたいなもの。

「ああ、だめよ。私に続けとばかり頂戴ポーズをして仕事をもらっても、頂戴犬のタイルは使えないわ。だめだってば。話の分からない人ね。もう、いいわ。弁護士呼んでちょうだい。え、まだ弁理士に話を持っていっていないですって」

って、ウソ。ウソ。パパとママはそんなにビジネスに長けている訳じゃないもの。ま、一生懸命ってことだけで、とりあえずは勘弁してあげるわ。ね、パパ、ママ。フフ。でも不思議なものね。『恋愛中毒』の中で私がおやつ欲しさにしたあのポーズがここまで受けるなんて。かわいい女は何をしてもさまになるってことかしら。

ところがこの撮影は色々なリクエストつき。ひとつは撮影を私の家でということ、そしてもうひとつは、普段の私の魅力を語る？　ということで、多摩川の女王様ぶりをお散歩仲間のママたちに語ってもらうということだったの。まあ、これだけのことなのに、撮影の裏には様々な人間ドラマが隠されていたのよ。

まず、撮影の主役ははっきり言ってママね。ママときたらこの撮影に向けて、家の中を大掃除。どこの家でもそうかもね。ママは画面の後ろにちっちゃく映ってしまう恐れのあるものまで全部片付けていたわ。中でも大変だったのは、ごちゃごちゃした本たち。しっかり重ねて上に積み上げるだけで私は十分だと思ったけど、さすがにママは主婦だから、そうはいかない。全部二階に移動したんだから、そりゃ大変よ。その上、床をワックスで何度も磨いた訳。普段はしたこともないのにね（笑）。もう、時間も、お金も見事に散財しましたって感じよね。その上ママのインタヴューがあるとかで美容院にまで出かけたんだから、ホント大騒ぎ。でも、ママも女なのよね。娘の私からすればママは素人にしては十分身綺麗な方だわと思っていたのに、

「こんなことだったらエステにでも通って、顔のしわを伸ばすコラーゲンでも入れておくんだった」

ってお化粧しながら鏡に向かってブツブツ言ってるんだもん。ママ、私はオヒゲを切るのも嫌なのにコラーゲン注入なんてやめなよ。親にもらったその顔、その体、そんなふうに傷つけて、親に申し訳がたたないとは思わないのか？　何言っているのよ、私の顔よ、私がどうしようと勝手だわ。そんなこと親でもないのに口出さないでよ。って、ママと死別

した娘と、ママの再婚相手だった義理のパパとの会話風に演じてみました。でもママったら、画面に出るのは不得意だから、ここはひとつパパに代わってもらおうと思ったんですって。ママって意外と往生際が悪いのよ。シャイとも言うけど。ところがスタッフの人が「いいえ、奥さんでいいです」って言ったもんだから、もうママは舞い上がっちゃって。

「おねえちゃんたちの学校の先生やお母様たちに見られたらどうしよう」

「いやだなあ。あしたから外歩けないいな」

そうして早速本番。ママは言葉を探しながら、それでも笑顔だけは忘れないようにとりつくろっていたの。でも、そこはママなのよ、いくら気取ってもやっぱり地が出てしまう。これを見て、パパとマネージャーの小谷さんが大受けしてお勝手の方で声を殺して笑っていた。ママ、分かった？　カメラの前に立つって、思っている以上に緊張するものなのよ。

「何よ。こっちは頭がパニックなのに。ああどうぞ神様きれいに映っていますように」

って、ママ、もう支離滅裂。パパと小谷さんにむかつくわ、それでも女の本能は捨てられないでいるわ。私はその時ばかりは、観客としてママの一挙手一投足にいたるまで、しかと拝見させていただきました、ハイ。

で、もう一つの難題。お散歩仲間のインタヴューが欲しいという、あれ。普段からみんな口々に、

「コロちゃんはテレビに出られていいわね。何かの撮影で必要だったら、いつでも友情出演するから声かけてね」

と言ってくれていたから、すんなりいくと思ったら大間違い。リッキーくんのママに電話でお願いしたら、「ごめんね。急に言われても仕事休めないから」。で次はジョンくん。でも、「ごめん。明日はだめなの」なんだ、なんだ。みんな、だめじゃない。

ママは焦ったらしいわ、これは瑞穂への嫌がらせ、妬み？　と思ったとか。へへ。それは嘘よ。で結局ゴールデンレトリーバーのモモちゃんのママが引き受けてくれることに。

「瑞穂ちゃんのいいところを話してください。できるだけすばらしい犬だということを強調してください」

スタッフの人の仕切りもむなしく？

「いやよ。うちのモモの方がかわいいのになんで他の犬を誉めなくちゃいけないの？　いくら出してくれる？　百万出してくれたら誉めてもいいわ」

って、モモちゃんのママやってくれるう。もちろん、ジョーク、ジョークなのよ、いつもの。でもスタッフは大慌て。これだから素人は嫌なんだって言ってたとか、言ってないとか。まあ、その答えは放送を見てのお楽しみ。撮影はママのインタヴューを含めて三時間もかかったの。でもほとんどがカット。さらに最悪なのはモモちゃんのママのコメント。

あの暑い中多摩川で長いこと待ってもらって撮影に協力してもらったのにすべてカットだったの。ああ、なんて謝ったらいいの。きっとカンカンだろうな。ゴメンナサイ。

それにしてもママ、私の一瞬の頂戴ポーズのために大掃除までしてもらって、ホントにお疲れ様でした。でも、これで分かったでしょ。主役はア・タ・シ・よ。よろしくね。

●

そして初めてのCMの仕事もやってきたの。二つ目のお仕事よ。もちろん大手よ、ローカルな○○菓子じゃないわ。泣く子も黙る某大手お菓子メーカーのTV用CMだったの。すごいわね、私に目をつけるなんて、さすがに大手の広報さんね。目が高いわ、なあんて。それは本当に突然の電話だったらしいわ。ママはまたしても舞い上がり状態、大手お菓子メーカーのCM出演なら、願ったり、叶ったり。

「それにしても急な話だったわ」

と、感慨深げにママが話すには……。マネージャーの田辺さんによると、なんでも前日に他の柴犬で撮影があったらしいの。ところがその日が初仕事のワンちゃんは渋谷のある公園でのセット撮りに入ったところ、リードを離した途端、本番で逃げ出しちゃったんですって。スタッフ総勢で逃げた柴犬を探し出し、ようやく撮影再開にこぎつけたのもつかの間、またまた逃げ出して、とうとう撮影はあきらめたとか。そこでその子はお役御免。で、日本ペットモデル協会としては何としてもしっかりした代役を立てないことには立場がない、ということで私に白羽の矢が立ったということなのよ。大物は満を持して、悠然と現れるってことね。ホッホッホッ……。

当日撮影所に着いたとき、先に優香さんがブランコに乗るシーンを撮るというのでその間は待ち。そして私の出番。公園のセットの中で砂場に向かって立っている私。まずはパパが私を所定の位置に。で、私の注意は当然正面にいるパパの方に向く。そしてカメラが回りだし、そこでクレーン車の上からママが私を呼ぶ。すると私がカメラに振り向くって訳。一種の誘導作戦みたいなものね。で、これで終了。パパとママ、そして私の連携プレイ。何よ、おチョロいものね。準備に一時間以上もかかったのに、私の撮影は二十秒ほどで終了しちゃって。なんだかもの足りない。

「監督さんコンセプトと絵コンテ変えて撮り直してよ、私のドアップだけで、十分商品のインパクトあると思うけど」

コツン。痛い。またママの鉄拳が飛んできたわ。

前日のこともあってか、監督さんも、カメラマンさんも、みんな私に対する期待は大きかったわ。監督さんは私を見て、

「この子なら大丈夫みたいだね」

と何やら安心の体。まあ私にとって振り向くぐらいは演技のうちには入らないわ。へへ。

でも、そんな中で喜びもひとしおだったのは、私より、ママよ。実は私はその時、ドラマ『ハッピー2』の撮影が終わったばっかりだったんだけど、撮影の最終日にちょっと失敗をしてしまったの。ウーン、私としてはイロイロ弁解したいこともあるんだけど。で、ママはこれで瑞穂のタレント生命は完全に絶たれたと思ったんですって。だから、大手の企業さんがこうしてCM出演に声をかけてくれて、一安心。本当に嬉しかったみたいよ。ママにしてみれば、私は人間には忠実だし、優しい。相手が犬でなければ、どんな役でも大丈夫って思っていたらしいから。この辺の思い込みは、それこそいっぱしのプロデューサー並でしょ？　まあ、だから、こんな短い撮影の中にも、またも人間ドラマがあったって訳。

「監督さんはすっごい温厚な人でセットを作っている間ご自分の以前飼っていた犬の話をしてくれたの。こういう忙しい世界にいる人なのに、せかせかした感じがまるでなくってすごい親しみがもてたわ」

って、ママ、またも目頭を熱くして。さらに撮影が終わってスタジオから出ようとした時スタッフの人たちがみんな拍手をしながら送り出してくれたの。パチパチ。

「瑞穂ちゃん、お疲れ様でしたあ〜」

もう、私は完全にスターなのね。なあんて。真夏の暑い公園の撮影だから、私なんかよりよっぽどクルーの人の方が大変なのに。皆さん、お先に失礼しまあす。

「あんまり時間もかからないし、瑞穂も大した演技もしなくていい。となるとCMの仕事もいいものね」

帰りしな、満足げに話すママの言葉にパパもただただ、にんまり。

●

女優瑞穂いよいよ二時間スペシャルに挑戦！　という訳で三つ目に飛び込んできたのは翌年春に放映される予定の特番二時間ドラマの話。え、一瞬の演技ならまだしも、まだ瑞穂には無理じゃないか、二時間枠の主役は。って、待って。大きなお世話よ。私の実力をたんとご覧あれ！　と言いたいところだけど、実はほんの一瞬の役。ただね、長さじゃないのよ、ドラマの流れからみて大事な場面でいかに人を惹きつけるかがポイントになる訳。それこそ、真実の瞬間、その一瞬に私の女優生命が凝縮されるのよ。と少しテンション上がり気味ですが、まあ、実は本番に強い女優として私が選ばれたという訳なの。

台本では本当はカラスがゴミをあさって飛び出すはずだったんだけど、さすがにカラスでは演技をしないだろうということで、急きょ犬が電信柱の周りをうろつくシーンに変更になったの。前作のCMは他の柴犬のピンチヒッター、で今度はカラスのピンチヒッター。

ちょっと納得がいかないような？？？「あのさあ、監督たっての願いで瑞穂の出演が決まる、みたいな仕事はないの。ネエ、仕事は厳選してよ、マネージャー」なあんてね。

ま、私の演技力を見越してのことらしいから、そこは謙虚に受け止めるべきね。撮影当日、いつもどおり私たちは約束の時間よりも早く現場入り。これは習慣でもあり、ジンクスみたいなものね。早く現場に入れば撮影は順調に進むといった具合の。で、ママと優雅にお散歩していたら、マネージャーの小谷さんと田辺さんがやってきた。二人ともどう見ても寝不足の様子。きっと朝方まで仕事だったのね。お疲れさま、マネージャーさんにはマネージャーさんのご苦労があるのよね、画面には映らないけれど。あらためて私はいいマネージャーさんについてもらっていることに感謝、感謝。そうよ、いくら私がかわいくても、いくら演技力があっても、私一人では、今この場にたっていることはできなかったもの。マネージメントにクレームつけるなんて、勘違いもはなはだしいわ。ト書：瑞穂目からウロコが落ちる。

そしていよいよロケバスがやってきたの。もともと私は野良犬という設定だったらしいけど、監督さんが私を一目見て、綺麗な犬だから野良犬ではなく、どこからか逃げてきた犬ということにしようということでリードをつけたまま撮影に入ることに。陽子ちゃんの時もそうだったけど、柴犬っていうのは、どうも野良犬のイメージが強いみたいね。まったく私は「瑞穂姫」なるぞ。ネ。柴犬は親しみのおける風貌ゆえ、少し人から誤解されているみたいね。だれにでも尻尾を振っていく愛嬌たっぷりの犬、みたいに。本当は気位が高いのに。まあ、この辺は私がじっくり時間をかけて、世の人々にアピールしていかなくちゃならないわ。

と私が変な使命感に燃えている最中、また、あれこれ頭を悩ましていたのが、ママ。ママは、

「リードをつけたまま撮影するなら、もっと綺麗なリードを持ってくればよかった。今度からはたくさんのリードを用意して、いつでもそのシーンに合ったリードを使ってもらえるようにしよう」

って、ちょっとしたスタイリスト気分。まったくママは悩みがないというか、結構自分の世界をもっているというか。まあ、それくらいじゃないと、今をときめくお犬様スターのプロデューサーはやっていられないということかしら。

カメラの準備ができてすぐ撮影に。ジョギングをする役者さんが走っていったら私がそのあとを斜めに走っていくという設定。演技指導はいつものようにパパとママ。まあ、三人の連携プレイも堂に入ってきたという訳よ。

「え、走るだけ？　何かものたりないわね」

簡単に終了。あまりにも簡単にＯＫシーンをやり遂げたので監督さんや役者さんスタッフの人が寄ってきて大絶賛。

「まあ、見て。これが私の実力なのよ。監督さん、次は瑞穂を主役に二時間ドラマなんてどう？　え、なんなら脚本家を紹介しましょうか？　まあ、監督さんにとってもおいしい話よ。よく考えておいてちょうだい」

なあんて。でも監督さんはとても私を気に入ってくれたの。

「今度は柴犬を飼いたいな。柴犬がこんなに利口な犬だとは知らなかった」

ですって。で、これはいいチャンスとばかりパパもママも売り込みに必死。私にできる限りの芸を披露しなさいって。仕方ないから、もちろんやったわよ。あんまり、自分を安売りするのはどうもね、とは思ったけど、まあ、監督さんもスタッフの人も私の芸を見て大変な喜びよう。ホラ、拍手喝采ってヤツ。嬉しくない訳はないわ。興がのったというか、普段は見せない熱い瑞穂を強烈にアピールしたって訳。ま、私の場合、お嬢様然としたところが売りなんだけど……。芸人魂というか、女優根性というか、拍手を受ければ受けるほど、違う自分を表現できたということかしら。

後で小谷さんから聞いたところによると、次のロケ現場に向かうロケバスの中で私の話題で持ちきりだったそうよ。「あの犬はどこの所属だ」と聞かれ、もう日本ペットモデル協会のスタッフは鼻高々だったとか。

14 ドラマ『ハッピー2』の撮影について

「瑞穂に隠し子発覚！　それも二人？も？　果たして瑞穂の女優生命やいかに。日本芸能界の逸材、絶体絶命の危機！」

ヘッ、なに、なにがあったの？　そ、そんな私知りませーん。何を今さら。ホントよ、なんのこと？　私には全然分からないわ。ここまできたら正直に白状しちゃった方が心証いいと思いますよ。ってじゃあ言わせてもらうわ。そりゃあ、知らないわよ。だって子供は瑞穂のではなく、人気ドラマ『ハッピー2』のクッキーの産んだ子だもん。言っとくけど役になりきるとは言っても、私とクッキーは別人格、まるで別の生き物です、まったく。今はどんなちっちゃなスキャンダルでもどーんと、奈落の底に突き落とされて、もう大変な命取りにならないとも限らないから、身辺はきれいにしておかないとね。ま、その辺は、私は品行方正なお嬢様だから、何も怖いものはないんだけど。あのあの、役の話なんでしょって、まあ、そうね。ここまで熱くなることはないわ。

気持ちを切り替えて？　いよいよドラマ『ハッピー2』のお話です。私の女優人生、ではなく、「犬生」？の中で最も大変だったこと。これは私の多才なる演技力をもってしてもカバーできなかったことなの。それは私がクッキーの子供、二匹の仔犬と仲良くするシーンがいっぱいあったこと。私たち柴犬のような日本犬は普通、あまりは他の犬と仲良くできないものなの。あ、もちろん誰彼構わずモーションをかける子も中にはいるけどそういう子は例外よ。頭がいつも春！　っていうか、ああ、もちろん、いい意味よ。悪く取らないで。

でもね警戒心が強いのが日本犬なの。私だっていまだにお散歩の途中で見知らぬ犬と出会うと必ずといっていいほど背中の毛を逆立てて唸っちゃうもの。だからこそ柴犬は昔から番犬として飼われていたんだと思うわ。そんな私の性格を知っているから、ママはもう心配で心配で仕方なかったのよ。いつもだったら演出家しかり、私に厳しい演技指導をするんだけど、仔犬ちゃんとのシーンを撮る時は全然違う。ただ、ひたすら私が仔犬ちゃんたちに噛み付かないことだけを祈っていたみたい。もちろん私だって、ママの気持ちが分からない訳じゃないのよ。だからママが「待て」をかけている間はちゃんと我慢していたの。

でもね、それは実は自然の摂理に適ってない訳、私の本能を無理やりおさえている訳。だから我慢するのはすごくつらかった。分かるでしょ。しかも、仔犬ちゃんたちときたら、私以上にマイペース。チョロチョロ動き回ってジッとしていないから、私たち三匹が一緒にカメラにおさまるなんて、もう至難の業なのよ。で、それでなくても「待て」がかかってイライラしているのに、仔犬ちゃんたちのあまりにも傍若無人な態度に私も我慢の限界。だけどそこは必死にこらえて、仔犬ちゃんたちとは絶対目を合わせないようにしていたの。だって見てしまったら飛びつくのは当たり前、じっと我慢するしかなかったんだもの。まあ相手が仔犬ちゃんだったから、私もなんとか自制心が働いたけど。いい女は常にプライドを持って生きていないとね。そうじゃなかったら、もう大変ね。何しろ、喧嘩となったら、負ける訳にはいかないのよ。チビだからってバカにしないでよっ！　それは私の血なんだから、仕方ないでしょ。勝たなきゃ。

エッ、瑞穂クール・ダウン、クール・ダウン。そうね、深呼吸、深呼吸。ふー。

でもこれはこの後起こる悲劇のほんの序章。「待て」の二文字で犬社会を牛耳る？　ことができると思ったら、大間違いよ、ママ。実はこの後私はパパとママの「待て」と「良し」の狭間で苦しむことになるの。仔犬ちゃんたちとの食事のシーンでのことよ。

クッキーの子供たちは遠慮なく走り回る。で一匹の仔犬ちゃんが、こともあろうに私の足を踏んだの。足を踏まれて因縁つけるなんて、品がないわよね。でも、

「ヘイ、おちびちゃん、チョットお待ち。このまま黙っていこうってのかい。そんなこと

をしたらたとえお天道様が許しても、この瑞穂姐さんはだまっちゃいないよ」

それでなくても我慢を強いられているストレスで、もう私がコロに戻るのは時間の問題。で、ママもママなのよ。普段なら足を踏んだ仔犬ちゃんに向かって怒り出すのに今日は私に「待て」をかけたまま。それなのに食べる方は「良し」だから、もう私は何？　どっち？　どうすればいいのって感じで固まったまま。しばらくＯＫシーンが出せなかったことは言うまでもありません。ママ、一方では私の本能をおさえて、一方では演技をしかけるなんて、いくら「賢犬？」の私でもそりゃあ、無理ってものよ。飼い主の皆さん、「待て」と「良し」はきちんと使い分けましょう。

ところで今回のドラマ抜擢はご指名だったの。

「一番瑞穂ちゃーん、ご指名でえす。あら、まあさん、お久しぶり。瑞穂お見限りかと思って、毎日食事も喉を通らなかったんだから」

って、これは、うらぶれた盛り場のおねえさん風に演じてみました。とにかく前回の『恋愛中毒』の監督さんと、この『ハッピー2』の監督さんが偶然同じ人だった訳。監督さんは私の「頂戴ポーズ」にひどくご満悦。また今度も私を是非使いたいとのご指名だったらしいの。待ちに待った監督さんのご指名。ちょっとした仕草がこんなところで認められてスッゴイ嬉しかったわ。

「瑞穂ちゃん、監督さんのためにもがんばろうね」

とママは激励してくれたけれど、それよりもお声がかかった嬉しさを隠しきれない方が勝っているって感じだったわ。

その日の撮影は昼と夜の二シーン。昼のシーンはお茶の子さいさい。私がおやつをもらいながら「お手」、「チンチン」をするの。楽勝よ。ママったら、

「今みたいなシーンなら、おやつもらいたさから何度でも上手にできるわね」

ですって。まあ、言えなくはないわね。演技派といっても、真相はそんなとこね。へへ。

「人間相手なら瑞穂は上手にできる。顔も美人だし今日みたいな役ならいくらでもこなせるのになあ」

ってママ、またも親の欲目よ。「かわいい」って誉められることはあっても「美人だね」とはそんなに言われないじゃない。まあ、これはどこのペットタレントでも同じ。ママは誰だってうちの子が一番！　と思っているもの。

そして続いて夜のシーン。夜のシーンはもっと楽。まどか役の遠藤久美子ちゃんに抱かれていればいいの。でも、待ちの時間に久美子ちゃんが私を抱いてくれていたの。ところが、私はコデブ、大きな声じゃ言えないけど。そこで少しの待ちとはいってもなんだか久美子ちゃんも辛そうで、助監督さんから、ママが代わりに私を抱くようにって指示が出た

わ。ト書：瑞穂、薬師丸ひろ子さんの時以来、ダイエットの必要性を痛感して、ちょっと神妙な表情。

でも、不思議ね、撮影現場では助監督が女優さんにとても気を遣っているのがよく分かるの。もちろん久美子ちゃんにも、私にも。いつのまにかママもスタッフの一人なんだなあとなんかジーンときちゃいました。

「一つの作品が少しずつでき上がっていくって楽しいし、とても充実感があるわ。もう少し若かったら私もこんな仕事につきたかったなあ」

って言うのはママ。ハイハイ、すっかり気分は現場の人なのよ。

そして、別の撮影日。今度は倉庫の中で隠れて飼われているクッキーと生まれた二匹の仔犬とのシーン。

私は黙って座っているだけなのだけどやっぱり仔犬ちゃんの動きが目障りで仕方ないの。ママとマネージャーさんの小谷さんがハラハラしながら様子を見守っているのが痛いほど分かったわ。

「噛んだら噛んだでしょうがないですよ」

仔犬ちゃんの付き添いできていたブリーダーさんの方が役者が上ね。まあ、大したアクシデントもなく撮影は無事終了。何よ、みんなナーバスになりすぎよ。あんまり一人がナーバスになりすぎると現場の雰囲気までガラっと変わっちゃうから、もっとデーンと構えてなさいよ。まったくチームワークっていうのはそういうものなのよ、ブツブツ……。フフ。後で聞くと仔犬ちゃんたちはその後の引取り先が決まっていたとかで、まあ、それでママも小谷さんもナーバスになっていたのね。

でね、撮影っていうのはすごい準備に時間がかかるの。私はこの日ずうっと倉庫の中にいたんだけど、この倉庫っていうのが埃だらけ。まあ、あまりにピカピカの倉庫じゃ捨て犬クッキーの隠れ家としてはふさわしくないわね。で、ママが待ち時間に私のお腹が汚れるって、ずうっと、抱きかかえているのよ。ママ、お心遣いは嬉しいけれど、私だってひとり立ちした身よ、そんなに構わないで。でも、まあ、それは無理ね。ママにしてみれば私はいつまでも赤ちゃんみたいなものなんだから。だからといってママが抱っこしても重くて十分と持たない訳。ママったら、ふうふう言っちゃって。ママ、いくら私は小柄だからって、いつまでもチビッコロじゃないのよ。その辺は現実を直視しないと。

「ドラマって臨場感を出すためにずいぶん多くの人の手がかかっているのね。実際テレビのカメラに映るのは二人だけでも、その周りには三十人～四十人以上の人がいつもついているのよ。カメラの横だけでも十人近くいるんだからすごいわ」

って、ママは社会見学に来た中学生のように素朴な発見をして驚いているの。でも、やっぱりママなのよ。

「でも私はもうスタッフの一員よ。だって瑞穂を映す時は必ず瑞穂の視線が欲しい方に私がいるんだから。カメラに映らないギリギリのところにね」

って、パパに興奮して話していたもの。ということはみんな知らないだけで、俳優さんのお尻のそばにママの顔があることもあるってことなの。ファンの人、ゴメンナサイ。ママに成り代わって私が謝るわ。ま、ここはひとつ瑞穂の顔に免じて許してちょうだい。サービス、サービス（笑）。

いろんな意味でクッキーは前作の陽子ちゃんの時より、高度な演技が要求されたわ。ほら、もともと私って自分で言うのもなんだけどお嬢様然としているところがあるじゃない。いるだけでその場が華やぐというか、悠然と、鷹揚としているところが抜群の存在感につながるというか、まあ、あまり小技を利かせなくてもいいというか、そんなキャラクターなのよ。だから捨て犬のクッキー役を演じるにはチョッとギャップがありすぎたわ。だってクッキーったら、子供はいるわ、小技をフルに使うわ、言ってみれば私とは対極にあるんだもん。なあんて、もちろん、オフレコ、オフレコ。瑞穂なんでもやらせていただきまあす。ハイ。演じさせて頂けるだけで光栄でえす。

でね、今回は吠えるシーンがあったの。以前「ワン」と吠えなくちゃいけないCMの話を断って、パパとママとしては悔しかった訳よ。で、躍起になって、災害救助犬の指導を見学して。まあ私もその特訓に必死に耐えたって訳。だってパパもママも私が「ワン」と吠えるまでご飯をくれないのよ。善人ぶっているけど、実は鬼のような両親なのよ。あーん、またきょうはお夕飯抜きだって。ひどい。ひどすぎるう。なあんて。そして今回は吠えるシーンも難なくクリア。見事リベンジに成功しました。

ところが、またも私に課せられた無理難題。本格派女優になるためには数々の試練が待ち受けているってことね。それはボールを追いかけて里親に持っていくシーン。もともと私はあんまり媚を売るのは好きじゃないの。で、あのボール拾い、なんかブーメランのようで嫌だったのよね。もちろんフリスビーもそう。ボールやフリスビーをくわえて嬉しそうに飼い主の方へ走っていく犬を見ると思う訳。まったくプライドはないのか、そんなに尻尾を振りまくって恥ずかしくないのかって。え、何ですって、そんなこと言って、本当は鈍いんじゃないか、トロイんじゃないか、ですって。失礼ね。でも、まあ、少しは当たっているわ。ま、正しくはあんまり動くのが好きじゃないってこと。もちろんお散歩とかは好きよ。ただそれは気分転換のためにするものだからよ。運動のためじゃないの。大きな違いでしょ。ストレスを発散するか、脂肪を燃焼するかは。だから私が少し太めなのは、私の生き方の表れでもあるのよ。放っておいてよ。私の生き方は私が決める。人からとやかく言われる筋合いじゃないわ。って瑞穂ちゃん、少し鼻息荒いよ、何もそんなつもりで言ったんじゃないんだからって。まあ、分かればいいのよ、分かればね。ふふ。

普段だったら、ボール拾いはしないんだけど、ママの顔をつぶしちゃ悪いし、そんな演技もできないのかって言われるのは癪だから、まあ無難にこなしといたわ。

大体、私を遠くまで走らせようなんて百年はやいわよね。私は神に選ばれしお犬様、そんじょそこらの犬っころと一緒にしないでほしいわ。ママも時々、姑息にも自転車に乗って私を引っ張って遠くまで走らせようとする訳、まあ、建前は私のダイエット、本音は少し瑞穂を痛めつけようって魂胆なのよ。まったく意地悪なんだから。なあんてチョッとお口がすぎたかしら。とにかくそういう時は、なんとか行かなくてすむように道路に腹ばいになってストライキを起こしちゃう。（写真15）うつぶせじゃないわよ、腹ばい。さあ、殺せ、煮るなり、焼くなり好きにしろー！　ってポーズ。そうすると、さすがにママも根負けして自転車のカゴに私を乗せてくれるの。

「やりっ」、もう私は重役気分。片手をカゴの端にかけ、体を斜めによじり、踏ん反りかえって座っちゃう。（写真16）

「きっとコロは自分のことを犬だと思ってないのかもしれない」

とママは今さらながら、自分の子育ての失敗？を嘆くらしいわ。

写真 15　道路に腹ばい

写真16　自転車のカゴに乗るのは大好き

ここで犬仲間にお話しておくわ。後でママに言われたんだけど、ハッピーはたまたまドラマに出演しているけれど、でも盲導犬という貴重なお仕事を持っている犬なんですって。救助犬もそうだけど、盲導犬も小さい時から、とても厳しい訓練を受けた犬だけがなれるものらしいの。しかも、盲導犬の場合、訓練だけじゃなくて、もともとの性格もあって、温厚で責任感が強くないとなかなかなれないらしいわ。とても貴重な犬なんですってよ。だからもし盲導犬を見かけたら、きちんと敬意を表して、決してかかっていったりしないこと。目の見えない人にとってはこの世で生き続けていくための大切な命綱のような存在なんですって。犬社会で生きているというより、人間社会になくてはならない犬なのよ。もちろん、これは飼い主の人にもきちんと伝えてね。

15 女優犬「瑞穂」の一日

おかげさまで、お仕事の話は続々と入ってきたわ。で、今度は「花王ペットケア」の宣伝用店頭ビデオの撮影。そしてテレビ朝日の『ほんパラ！関口堂書店』の取材も同時進行で。大きな声じゃ言えないけど、ペットタレントっていうのも、実は人材？　不足。だから、一本うまくいくと、立て続けにお仕事が入ってくるのよ。なあんて、まあ、それは私の勝手な解釈よ。ホラ、実態のない世界だから、芸能界っていうのは。どこかで理由付けをしていないと自分を見失ってしまいそうになるの。へへ。

それで『ほんパラ』では、今テレビで活躍している犬ということで私に白羽の矢が立ったの。その内容は「花王ペットケア」の撮影風景を完全密着取材するというもの。私が一度に二つのことをこなすのは初めてなんだけど、ダブルブッキングじゃないから問題はないわ。まあ、あとは一発勝負。成り行き、現場処理ってやつよ。とにかく、いろいろ考えても、始まってみなきゃ分からないじゃない。

で、この日、またもママは主役気分。本当に懲りないというか、意外にも自己顕示欲が強いというか……。ママったら、実は女優志願だったりして。

「カメラを意識すると変に顔を作ってしまいそうなので、なるべく意識がそちらに向かないようにしていたの」

とは、後で聞くところのママの弁。でも内心、「ちょっとは綺麗に映れば嬉しいな」と思い念じていたらしいわ。恐るべし、女の執念ね。

当日はあいにくの雨。運転手はパパ！　この頃になると二人かがりで、私の仕事に口をはさむ訳。まったく外野が多いと私の集中力が落ちるのに。なあんてね。ママと私はパパの運転するボルボの後部座席に乗り、すっかりスター気分。で、ボルボなんだけど、パパとママったらひどいのよ、私のギャラを搾取して最上級のセダンを買っちゃったの。もう私はいくら稼いでも、この二人に身ぐるみ剝がされるように持っていかれるってことね。犬銀行に隠し口座作っとこうかしら。って違う、違いますよ。

撮影は、ママが私の付き人兼マネージャーとして私と一緒にスタジオ入りをするところから始まるの。私用にすばらしい控え室も用意されていたわ。で、この日、私のいでたちはヴィトンの首輪とリード。すると、今日の撮影で私の相手役候補にと呼ばれていた他の犬の飼い主さんがすぐに首輪に気がつき、

「まあ。さすがは瑞穂ちゃん。幸せな犬ねえ。うちも今日早速ヴィトンの首輪を買ってあ

げることにするわ」

で、ママも、

「いいえ、偶然見つけたものですから」

と切り返し、私より首輪の話題で盛り上がっていたわ。ここだけの話だけど、ママがヴィトンの首輪とリードを選んだのは、偶然じゃないと思うけどな。ま、そこのところはママのみぞ知るってことね。

ただ不思議なのは、こういう時ってあまり競争意識はないのよ。犬種が違うのもあるかもしれないわね。だってホラ、例えばシベリアンハスキーとパグじゃ当然シチュエーションが変わるでしょ、求められるところの。それともう一つのポイントはみんな、自分の犬が一番と思っていることね。これはお受験なんかでライバル意識を剥き出しにしているパパやママなんかにも参考になると思うわ。負けまいと思うからいけないのよ。初めから家の子が勝っているって思えば気も楽になるのじゃないかしら。まあ犬の私が口をはさむのも僭越ですが……。とにかく控え室では犬同士が視線を合わせて、ちょっとからむというようなことはあっても、飼い主同士は、それこそ和気あいあい。もうママったら、ペット談義に花を咲かせてまるで水を得た魚のよう。それにしてもペットってすごいわね。私もそうだけど、みんな両親そろっての現場入り。これはへたをすると自分の子供以上のかわいがりようかもね。

いよいよ撮影開始。まず撮影現場に到着するシーンからの撮影。カメラはパパが運転するボルボを正面から捉らえ、左折するのにあわせて後部座席にいる私にパーン、あ、振られてくるの。ドアが開けられ私はママに連れられながら車を降りる。そして私が控え室に通される。ちょうどその日は雨降り。私はママが作ってくれたレインコートを着ていたので、部屋に入るとすぐにそれを脱ぐ。そして用意されている私専用の椅子に座る。すると私専属のトリマーが私の毛並みを整えに来る。人間でいえばメイクさんよ。（写真17）で、私はされるがままじっとしている。身づくろいが整って、私は女優の顔に。時間がきて、「瑞穂ちゃん出番ですよ」と私を呼ぶ声。一瞬にして緊張が走る。私はママに連れられて控え室を出てスタジオ入りをする。このとき、「はーい、瑞穂ちゃんとおりまーす」と声がかけられ、スタッフの皆さんは私のために道をあける。

と、ここまでのシーンをテレビ朝日のカメラがずーっと追いかけてくるって訳。そお、これはすべて「瑞穂の一日を追いかける」という企画のための撮影なの。まるで私は一流の女優さんと同じ扱いよ。でも実はちょっとやらせ。毎回こんなＶＩＰ扱いをされているってほどじゃないのよ。まだまだそこまで大物ではありません。そりゃあ、気分は最高！

ママも悦に入った表情で、

写真 17　ただいま本番前のメーク中

「この世界に入って一番味わいたかった快感だわ」

って。ママ、やっぱりきょうの主役はママに決まり！

続いてCM撮り。暗い中での撮影だったのでちょっとママは心配気味。ホラ、私は赤ちゃんの時、ケージに毛布をかけられて以来、トラウマ状態。暗がり＝一人ぼっちのイメージがしみついているから少し苦手なの。でもこの日は大丈夫でした。私はお利口さんに待つことができました。いつもどおり、演出家はママ。ママの合図で振り向き、一回でOK。続く廊下を走って飼い主から逃げるシーンも無事終了。さすがに仕事にもなれてきたわ。ほとんど一発OKだもん。午前中家の中のシーンについて撮影はすべて終了。で、一旦お昼休み。

控え室に戻ってびっくり。そこにはメルモちゃんとレナちゃんがそれぞれのパパとママと一緒に待っていたの。午後のカメラテストで私との相性を見てどっちが出るか決定するんですって。そのために朝からずうっと待っていたらしいのよ。朝、控え室に着いた時にはもういたから、私の入りより早かったってことよね。

私にあわせて出番待ちなんて、申し訳ないわ。当たり前だけどCMにしてもドラマにしても、すべて主役だけで成り立っている訳じゃないのよ。たまたま今日は私が主役だけど、私も脇役になる時もあるの。『ハッピー2』のクッキーのようにね。ママに言わせると、

「動物はその種類によって使われ方が違ってくるので、単純に演技ができる、できないだけでは決まらないのよ」

ってことらしいけど、まあ、少なくともこの日の主役は私だったから、みんなを待たせるはめに。でも内緒だけど女王様気分の強い私としては悪い気はしないわ。もちろんそんなことはおくびにも出さず。そりゃそうよ、そこまで無神経で高慢な女にはなりたくないもの。で、精神状態も良く、だから、他の犬に飛びつくなんて大失態はせずにすみました。自己分析すると、初めから上位におかれていると、あまり闘争心もわかないものなのかもね。いくら負けず嫌いの私でも。でも、あと二頭のお友達、待ちが長くて、大変でした。お疲れ様です！

そして気分のいいまま、午後の撮影へ。朝から降り続いていた雨もこの頃には上がって、今度は外でのシーンを撮ることに。設定はシャワーが嫌いで逃げ出してきた私が、庭先で立ち止まって何気に縁側の方を振り向くというシーン。シャワーが嫌いとか、見返り美人？とか、まあ、これはほとんど私の素のようなものね。瑞穂というより、コロのままで十分こなせると思うわ。そうはいっても、大切なのはタイミング。で、いつものようにパパとママの連携プレイが光ってくるって訳。私が歩いていく方向の先の方にパパがいて、ちょうどいいところで私に「止まれ」の合図をするの。その瞬間に縁側にいるママが私を呼ぶのよ。そしてその声に私は振り向く。もうこれはパパとママのタイミングが勝負。そこはホラ、夫婦の息がピッタリあっているから、もう絶妙なタイミングよ。ところがこれをＯＮ　ＡＩＲでみると、私が自然に止まって振り向いているように見えちゃうのよ。テレビ朝日の『ほんパラ！関口堂書店』でこの映像が流された時は、ゲストのパネラーさんがみんな拍手喝采で絶賛してくれたの。「すごい、瑞穂ちゃん」って。実は、その栄光の影には、パパとママの黒子としての並々ならぬ努力があるんだけど。

いずれにしてもこのＣＭ撮りは私に合っていたみたい。どのシーンをとっても私は最高の演技をしたとスタッフの人から誉められっぱなしよ。で、パパもママもつい手放しで大喜び。まあ、その風景までカメラに収まっているから、見る人が見れば、親ばかの極みね。でも、いいの。私はパパとママの愛情に包まれて、ここまで大きくなれたんだもの。たとえ、それが親ばかの極みに見られようが、他人にとやかく言われる筋合いはないわよ。それに動物タレントや赤ちゃんタレントの両親なんて、みんな似たり寄ったりだと思うわ。パパ、ママ、ありがとう。私はパパとママのなりふり構わずみたいな一生懸命さ、すっごい好きよ。

その日撮影がすべて終了したのは夜の八時。朝五時起きだったから、パパもママもすっかりお疲れ。このままだと家に着くのはかなり遅くなりそうだったので、「瑞穂の一日」の家に帰ってきてからのシーンは数日後に別撮りすることになったの。

でも、ママの予想ではもっと時間がかかると思っていたらしいわ。「瑞穂がきちっとやれば予定どおりに終わり、現場のスタッフの人たちも喜んでくださるわ。それが一番嬉しい」

ってママが帰りの車の中でパパに話していた。スタッフのみなさん、そしてパパもママも、それと女優瑞穂ちゃんお疲れさま。ハイ。

後日、私のお家に撮影隊がやってきたの。（写真18）まあ、ママも前回のことがあるので、そんなに大あわてで、大掃除はしなかったみたい。そうそう、人間やっぱり学習は必要よ。撮影のたびに大金払って、家をきれいにしていたら、この先いくらお金があってもきりがないわ。でも、この時またちょっとしたアクシデントが。実はマネージャーさんから私のご飯はすませておいてくださいって連絡が入っていたらしいの。で、私はすでにお夕飯を食べちゃった訳。でもさすがにママは「おかしいなあ」と思ったらしいわ。だってご飯を食べたら、ほとんど他のことに興味を示さなくなっちゃうっていうのはどんな犬でも同じらしいし、特に食いしん坊の私はね。

ところがいざ撮影にはいると「餌は食べさせてないですね」と確認されて。ああ、もう遅い。満腹なんだから私が動く訳ないじゃない。でも、プロ根性なのかしら、単なる習慣

写真 18 『ほんパラ！関口堂書店』自宅にて撮影

なのかしら、私はカメラを向けられると途端に、体が動き出したの、無意識のうちに……。普段めったにしないのにボールやおもちゃでじゃれたりまでして。カメラマンは「いいね、いいね」とカメラを回し続ける。ホラ、モデルさんの撮影のシーンとかで、よくあるじゃない。

「瑞穂ちゃん、いいね。綺麗だね。そう、その調子。今度はちょっと顎を上げて。そういいね、パーフェクトだよ」

って、それこそ誉め殺し作戦かってやつ。まあ、そのおかげで、私もすっかり気分よく、撮影も順調に進んだんだからいいのかな。そして私のお気に入りの出窓でのシーンも撮り、いよいよエンディングは食事のシーン。さっきご飯食べたばかりなのに？　いいのお？　ラッキー！　とばかりガツガツ頬張る瑞穂でした。というよりここはすっかり素のコロ。やっぱり、何はなくてもご馳走よ、モグモグ。こんなアクシデントなら、モグモグ、大歓迎だわ。ハイ、きょうは皆さん、遠くまでお疲れ様でした。

その後しばらくはオフ。私はコロに戻って久々にのんびりと毎日を過ごしていたの（写真19）。土曜日の夜だったわ。テレビ朝日の『ほんパラ！関口堂書店』が始まった。そこにはまばゆいばかりの女優としての私の姿が映し出されていたわ。パパとママったらテレビにくぎ付け。二人ともご乱心？　と見まがうほどのはしゃぎよう。

写真19　ピアノだって趣味の一つよ

私？　私はパパとママの脇でごろ寝よ（写真20）。でも、私はこの家の子で本当によかったわ。ぬくぬくと暖かい中で夢見心地。幸せを一人噛みしめるコロでした。

飼い主から：気づいてみると、あっという間の一年間でした。初めての仕事の時はこの業界のことをまるで知らなかったので、むしろ怖いもの知らずのところもありました。川本真琴さんとの写真撮影は時間も短く、緊張しながらも何とかそつなく終わらせることができました。そして次に訪れたビッグチャンスのドラマ『恋愛中毒』ではコロはもちろんのこと私たちも回を増すごとに経験を積み、少しずつ撮影というものが分かってくるようになりました。やはり初めのうちは、でしゃばってはいけないという気持ちが強く、コロを誘導するのも多少遠慮がちになってしまい、結果的にコロに十分な演技をさせることができないこともありました。それらはすべて私たちが撮影現場について知識がなかったため招いてしまったことだと後になって思いました。その場その場で適切な行動をとれなかったということになるのだと思います。しかしコロがきちんと演技できないと俳優さんはもとよりスタッフ全員に迷惑をかけることになります。コロもドラマを制作していく上でのメンバーの一員であり、飼い主である私たちもコロを扱う専用のスタッフとしての自覚をもたなければならないと気がつき

写真20　ソファーでゴロ寝

ました。しかしコロをうまく演技させることに専念すると、必然的にオーバーアクションになりがちです。ただしコロの演技にばかり気を取られ周りの状況を見失うと、撮影全体のバランスを崩すことにもなりかねません。そのようなことは実際に経験を積むことで私たちも肌で感じとることができるようになりました。そうして次第に撮影現場にも溶け込んでいきました。現場での段取りが一通り理解できてくると、多少は信頼してもらえたのでしょう。日本ペットモデル協会のマネージャーもベテランの小谷さんから若手の田辺さんにスイッチしていきました。ドラマ『ハッピー2』では『恋愛中毒』の時よりも様々な演技が要求されました。私たちは本番の前にも、また撮影中にも、つねに撮影を意識した練習を繰り返しました。人間の俳優さんなら、精神を集中させ、イメージトレーニングを繰り返すなど色々なことができますが、コロの場合当たり前のことですが、ひたすら練習あるのみです。練習をしてしすぎるということはありません。そんな中で依頼を受けたテレビ朝日の企画〝女優犬「瑞穂」の一日〟。この撮影の時にはコロが完全に主役であり、この時ばかりは飼い主としても非常に気持ちのいいものでした。ただ私たち夫婦は二人とも、ちやほやされたり特別扱いをされたりすることは好まず、待機している他のペットと飼い主の方のことが気になっていたことも事実です。そんな気持ちを抑えながら、協会の、特にマネージャーの小谷さんが強力に推薦してくれた恩に報いるため、主役としての責任を果たしたのです。結果は私たちとしても満足のいく内容に仕上がったと思っています。一カ月後の放映が待ち遠しく、また実際に画面を見たときも期待を裏切るものは一つとしてありませんでした。多くの番組、ドラマ、ＣＭなどで活躍しているペットは瑞穂の他にもたくさんいます。それらペットの飼い主の方もきっと私たちと同じ気持ちでいるに違いありません。二〇〇〇年、ミレニアムの年はこのように芸能活動が終わりました。除夜の鐘を我が家のコロはどのような思いで聞いたのでしょうか。

16 三年目の活動

「瑞穂、親子で共演！」「瑞穂の演技力は母親譲り！」「ステージママ、満を持して女優デビュー!?」エーッ、何、今度はママが女優？　ウソ、ママの狙いはやっぱり自分がスポットライトを浴びることだったんだ。おかしいと思ったのよ、なんか私に隠れてコソコソ名刺配りまくっていたもん。瑞穂の足元をすくったのは意外にも身内だったって訳ね。油断ならない世界だと思っていたら、ふーん。ま、ここは潔くこの世界から足を洗いましょ。あと腐れなく。ママ、私の花道はママに譲るわ。え、違う？　何が違うのよ。もう私疲れちゃった。

そりゃあ、私は去年ドラマも二本、ＣＭにも出演し、最後には私が主役の番組まで企画してもらったわ。新人にしてはできすぎかもしれない。でもだからって、それでお役御免って、ひどくない？　ママ、信頼していたのに。え、違うって何がよ？

「ママが女優デビューをしたのは偶然なの。ピンチヒッターなの。そこにママしかいなかったからなの」

エーッ、なあんだ。そうなんだ。パパとママと私の三人四脚で歩き始めたばかりの女優「犬生」？　まだまだ続けていけるのね。あー、よかったわ。

前置きが長くなっちゃったけど、新世紀まず飛び込んできたのはＴＢＳテレビのお仕事でした。『スーパーフライデー「元祖！　日本の仰天三面記事スクープ大賞」』で取り上げる英雄犬のお話。マンション火事火災で七人の命を救った犬の活躍の再現ビデオなの。その再現ビデオに、たまたまママが出演しちゃったという訳。もちろん主役は私なのよ。

撮影は平日。午前十時四十五分入りなので、前日の夜にパパとママは朝何時に出るか、迷っていたわ。現場へ行く道で渋滞するところがあって、その渋滞を抜けるのにどれくらい時間がかかるかまるで予測がつかないらしくて。結局いつもどおりかなり余裕を持って出たので、その時も一番のり。車の中でみんなを待つことに。そうしているうちに日本ペットモデル協会がセッティングしたもう一頭のジョン君が到着したの。ジョン君のママが言うには、「車の免許がないので一度断ったんだけど、小谷さんの熱いラブコールでとうとう息子が会社を休んでジョンを車で連れてきたの」

とか。もちろん私のパパも時間の都合さえつけば朝だろうが夜だろうが必ずついてきてくれるわ。どこのパパもママも相当なステージペアレンツよね。ペットのこととなると、それだけ熱が入るってことかしら。

「お名前は?」と聞かれ「コロです」とママ。

「以前ジョンに『恋愛中毒』というドラマの話がきたんだけど、なんでも最終的には〝瑞穂ちゃん〟という柴犬に決まったらしいのよ」

と再びジョン君のママ。

「あのー。実はコロというのは本名で芸名が瑞穂なんです」

種明かしをしながらママ少し申し訳なさそう。

「やっぱりそうでしょ。あのドラマを見ていたけどあの時の犬によく似ていると思って。あなたが瑞穂ちゃんなのね」

柴犬なんてどれも同じようにチマッとした顔していると思っているでしょ。違うのよ、犬好きな人が見ればいっぺんで違いが分かるものなのよ。特に私は気品に溢れているから。

そうこうしているうちに撮影が始まったの。ジョン君と私と、どちらを使うか監督さんたちが相談していたわ。救出するシーンはとにかくよく吠えるのがポイントだから、そこは吠え上手なジョン君で、そしてそれ以外の回想シーンは私でやることに決まったの。大体私の場合クールでおとなしく自分から尻尾を振っていったり、愛嬌を振り撒いたりしないので、みんなが柴犬に抱いているとにかくチョコチョコとしていて、まあかわいいだけが取り得みたいな場面では、あまり受けがよくないの。でもママの演技指導のおかげでほとんどんな演技でもこなすことができるから、ここ一発が勝負みたいなシーンでは演技力が光る訳。だからその日のキャスティングは妥当なラインだと思うわ。ちょっと偉そう?

そしてその日の演技の見せどころは階段の上り下りのシーン。家の中を一階から二階へ上り、また一階へと走り回って、家の人に隣のマンションが火事になったことを知らせるの。実を言うとこの一週間前から足が痛くて少し左前足を引きずって歩いていたんだけど、そこはプロ根性よ。とにかく会心?の演技ができるまで、って何回も撮り直しをしたわ。

「こんなに階段を走って上り下りするとは思ってもみなかったわ。大丈夫かな」

とママはいつもながらに、ちょっと心配。でも、そこは本番に強い瑞穂。完璧なまでに演技をこなしたの。本当のことを言うと痛かったのよ。でも私もデビューして今年で三年目。今まではそれこそ「頂戴犬」というだけで仕事はきたわ。でも視聴者というのはあきやすいもの。ただの一発芸みたいな感じで受け取って、すぐに他の犬に興味を抱いてしまうの。

もちろん、おばあちゃんになって歩けなくなってまで、この業界にしがみついていようとは思わないけど、ここはやっぱり確実に演技をこなして、せっかく油ものってきたことだし、実力派女優として一歩一歩前に進むべきなのよ。だから、多少足が痛くても、きょうみたいなシーンを息切れもせず、無事にやり遂げたということは、私の女優としてのキャリアの中で、価値のあることだと思うわ。実績につながるもの。そりゃあ、画面的にはハイライトシーンでワンワン吠えているジョン君の方が華があるし、インパクトもあるけど、それぞれはまり役ってものがあるのよ。

ふうー、最近理屈をこね回すのが得意になっちゃって。生意気な女だと思わないで！　それだけ成長したってことなんだから。

それとこの日、もう一つ大事な演技があったの。それはね、「唸る」シーン。エクスキューズになるけど、私はもともと吠えるのとか、唸るっていうのは不得意なのよ。もちろん愛嬌を振り撒かないから、かわいげのない女と思われているかもしれないけど、だからといって気が強くてむやみやたらに攻撃的な態度をとる方でもないのよ。まあ、女王様として持ち上げられていることが多かったから、どちらかというと悠然と構えている訳。で、ま、ここ一番という時にしかけるというか……。

でも監督さんもよく言うと思わない？　いくらなんでも「吠えろ」「唸れ」「走れ」をすべてこなせる犬なんていないわよ。それは例えばマラソンランナーにスプリントレースも棒高跳びもやらせて、すべてに結果を期待するようなものだと思うわ。もちろん、オフレコだけど。ただし、この日私はちょっと虫の居所が悪かったの。それにジョン君がいたでしょ。ジョン君ときたら、あんまり苦労しないでオイシイとこを持っていっている。私はそれも気に入らなかったのよ。だからついジョン君に対して唸ってしまったの。「う〜っ、う〜っ」。でもママもいつものように怒らないし、何より監督さんはそれを私の演技だと受け取って撮影は無事終了。でも、お願い。次にお仕事くれる人「唸る」シーンはパス。まあ、私の演技力をもってすればできないこともないんだけど、もう少し知性の溢れる演技をしたいものよね。へへ。

そうして、私はその日も無事大役を果たして、充実感を味わっていたの。ところがその後なのよ、ママにとんでもないことが起きたのが。そう、さっき話していたママの女優デビュー。ヒュー、ヒュー、ママ、待ってました。いよッ、多摩川のマドンナ。二十一世紀は素人の時代よ。ま、このくらいでやめとこうかしら。

その日、マネージャーの小谷さんは「川村さん後はお願い」と言葉を残して行方をくらましたの。何、何かの暗号？　いや、そうではなくって他の現場で撮影中の猫が引きつけをおこしたと連絡が入って急きょ現場に急行しちゃったのよ。ちょっと待ってよ、現場を放っていなくなるなんて、小谷さん、それでもプロなの。まったく、ちょっと甘い顔をするとすぐ、こうなんだから。だから嫌なのよ、協会の雇われマネージャーは。って違います。小谷さんはとっても優しくて有能なマネージャーさんです。

その小谷さんの置きみやげが、ママの再現ドラマ出演につながったという訳。ママは初め「お願い」ってどういう意味なんだろうって思ったらしいわ。でも、まあ何か撮り直しがあったとしても私への演技指導には自信があったから、深く考えもせず「あ、分かりました」って言っちゃったらしいの。そしてとにかく撮影開始。スタッフの人がママに、

「川村さん玄関からお客様になって入ってきてください」

「では本番いきまーす」

「ハイ、本番」

分かるでしょ、その時のママの舞い上がり状況。

「え？　玄関から入るって？　なになに？」

それでね、「いきなり言われて訳も分からず気がついたら再現ドラマに出演していた」とは言うんだけど、ママが。「本当だったら小谷さんがやるはずだったらしいけど、そんな訳で他に誰もいなくて断れる状況になかった」ともね。それもワンシーンだけではなく家の中に通された後のシーンも撮ることに。ネエネエ、みんなおかしいと思わない？　あの、ママがよ、すぐにパニクッちゃうママがよ、何も聞いていないのにカメラにおさまることができると思う？　たとえ誰もいなかったからって……。私はママがなんと言おうと、ママは虎視眈々と女優デビューのタイミングを計っていたとしか、思えない。ママ、誰にも言わないから、私にだけは白状しちゃいなよ、女優デビューは計画どおりでしたって。ここ

はすっごい疑り深いご近所のおばさん風に演じてみました。

　とにかくママの言葉を信じる（笑）なら、

「どうしよう。私を知っている人に見られたら恥ずかしいな。こんなことだったら美容院に行って来たのに。こんなのだまし討ちだ。ああ、放送日が恐ろしい。コロは上手にできているのに、これじゃあ、誰にも放送日を知らせる訳にはいかない。ああ、ユウウッ」

　ってことだったらしいわ。それではママの記念すべきドラマ出演の様子をお話しましょう。この火事で一躍ヒーローになった名犬はどうやら家の中ではかなり獰猛だったみたい。お客さんが来ても牙を剥き出してにらみ付けていたらしいわ。でも役者さんをにらみ付けるなんて私にはできないのよ。そこでママの登場になる訳。ママに対してならにらみ付けないまでも少なくとも私はじっと見つめることはできるじゃない？　だからこのシーンは私の表情をおさえないで、私の後ろからカメラが回されたの、私と同じ目線ということで。その結果、ママは正面からカメラに映ることに。とこれがことの真相です。

　ママは、その日お家に帰って何を話すかと思えば、いつもは私がいかに上手に演技できたかの自慢話？で持ちきりなのに、突然ママが出演することになった話しかしないの。もう、ママの頭はパニックなのね。まあ、よくこれだけ目の前のことに没頭できるというか、それしか見えなくなるというか、こういう時のママは一言「愛しい」って感じよ。ママ、か

わいい、ベリースィートよ。で、パパは、

「親戚みんなに知らせよう」

でも、ママは猛反対。

「何だよ、せっかくなのに」

パパも今回は仕方なく誰にも私の出演番組を知らせないで終わったの。私としても今回は特に今までに一度も見せたことのない「唸る」シーンもあって結構いけてたからみんなに見て欲しかったのに。今まではわざわざ電話をしてまでも知らせていた犬仲間にも知らせなかったのよ。というよりママがガンとして電話のそばを離れなかったの、連絡させまいとして……。

でも、そうは言ってもやっぱりママはママ。放映の時はもちろん、しっかりと録画していたわ。しかもお決まりのように何度も再生してみていたの。「コロちゃんの演技はすごいわ」などと言いながら、それでもしっかりママの映っているところもチェックしているのを私は見逃しませんでした。さすがにママも女よね。

でもとんだハプニングだったけど私としては大好きなママと一緒に出演できた記念すべきドラマ、良い思い出になると思うわ。ママ女優デビューおめでとう！　夢の共演が実現してよかったじゃない。

17　ＫｉｎＫｉ Ｋｉｄｓとのプロモーション・ビデオ

女優開眼、前回の再現ドラマでさらに演技に磨きをかけた瑞穂、驚異の大抜擢！　という訳で新世紀の第二弾は、ＫｉｎＫｉ Ｋｉｄｓのプロモーション・ビデオ出演だったの。キンキキッズよ、ジャニーズ事務所の人気者よ、アジアのスーパースターよ。すっごいでしょ。

プロモーション・ビデオはビデオ・クリップとも呼ばれているの。その名前のとおり、テレビのスポットや、ＣＤ屋さんの店頭でプロモーション用に流されることが目的。楽曲の良し悪しはもちろんだけどプロモーション・ビデオのできで、ＣＤセールスを左右してしまうこともあるくらい。海外ではこのプロモーション・ビデオのできばえを競う音楽賞まであるし、特に素晴らしいビデオを作ったアーティストをビデオ・スターと呼ぶこともあるらしいわ。だから今回の仕事は今まで以上に責任が大きいともいえるの。

あ、でも誤解しないで。私は仕事に対してどれもすっごい大きな責任を感じているし、ドラマだから、プロモーション・ビデオだからって、仕事の種類によって力の入れ方を変えたりはしていません。え、うそだ、あの時は結構力抜いてやっていただろうって、失礼ね。私はクールに見えてもハートは熱いの。いつでも全力投球がモットーです。ハイ。

ところがこの撮影でまた私は新たな試練を受けることに。えっ、今度はどんな演技を求められたんだって。まさかＫｉｎＫｉ Ｋｉｄｓとのラブシーンじゃないだろうって。イヤイヤ、オールヌード?で新境地開拓かって。ネエ、お願い少し静かにしていて。

撮影当日。現場に行ってみてびっくり。私の他にもう一頭柴犬がセッティングされていたの。オス犬で名前はリキくん。大きさも顔も私とそっくり。ほとんど瓜二つだといってもいいくらいだったわ。リキくん、もしかして私たち前世は双子だったのかもね。いつもだったら、むかつく私もあまりに自分に似た相手を前にして、何だか、気が抜けちゃった。ただ、なんとなく嫌な予感がしたの。だって双子の犬の設定じゃないのに、なぜ瓜二つの犬がセッティングされている訳?　しかもリキくんときたら、すっごい人なつっこいの。そばにいる人には誰彼構わずぺろぺろなめて、尻尾も元気に振りまくり。私はしばし呆然。柴犬っていうのは愛嬌を振り撒けない犬種だと思っていたから、リキくんの様子をみて一種のカルチャーショック。まったく私には到底真似のできない芸当だわ。

「あれくらい人なつっこいとみんなにかわいがられるのに、ねえ、コロちゃん」

とママがぼそっと言ったわ。どうやらクールなのは犬種のせいじゃなくって、私の性格みたい。ママも口には出さないけど茫然自失って感じ。ママ、さすがに私の育て方を後悔していたらしいわ。

「ちょっと厳しくしすぎたのかしら。もっと手放しでかわいがるべきだったのかしら」

って。でも私はそんなママの胸のうちはお構いなしで相変わらずクールに取り澄ましていたの。だって今さら、どうしろっていうのよ。

「コロ、お前のあるがままが素晴らしいんだよ」

って、言い続けたのはパパとママなんだよ。さすがに私も釈然としない面持ちで、ひとしきり考えたの。で、ふと気がついたのよ。どうも今日のメインはリキくんらしい、ということに。マネージャーさんたちのリキくんに対する扱いが私に対するそれと明らかに違うのよ。それはひがみとかじゃなくってね。

「そうか、私は控えなんだ」

さすがにショック。やっぱり芸能界は厳しいわ。私は日本ペットモデル協会にタレント登録して以来、とんとん拍子でスターの階段を上ってきた。もちろん、そこには運もあったけど、運も実力のうちよ。ううん、でもラッキーだったんだと思う。本当のところ。そりゃ地道に演技指導も続けて受けてきたけど……。でも、まさかね、その私が控えだなんて。個室の控え室を約束されていた女優がいきなり大部屋女優に戻されたような、大げさだけどそんな気分。浮き沈みの激しい世界だとは聞いていたけど、本当なのね。

でも、ママは違った。

「今までたくさんお仕事をもらっていたので、なんとなくいい気になっていたわ。でも今回初めて控えにまわされて、今まで気がつかなかった点に気づいて、とてもいい経験をしたし、勉強になったと思うわ」

って後でパパに話していたもん。ママ、わかった。私も私なりにがんばるよ。でも演技はパパとママのおかげでなんとかなるけど、性格は急には変わらないの。ママ、分かって。だってこれが瑞穂の、ううん、コロの本来の姿なんだもん。なんかママに見限られるのかなって、さすがに哀しくなっちゃった。

そうして、ちょっとブルーな気分でいるとＫｉｎＫｉ Ｋｉｄｓの堂本剛さんが到着したの。剛さんは大の犬好きだとか。でも私たち、あ、リキくんと私が慣れるために剛さんの前に連れていかれることに。やあ、参りました。リキくんは初対面なのに剛さんの顔をぺろぺろなめまわして喜んでいたの。でも私はダメ。もちろん私だって犬好きの人は一目で分かる。でも、自分から近づいていって愛嬌を振り撒くなんて、私の一生の中にほとんどなかったんだもの。結局ママに無理やり押し出されるかたちに。ママ、ゴメンネ。期待にそえないで……。ト書：瑞穂がっくり肩を落とす。

その後ビデオ撮影が開始されたの。もちろんリキくんがメインで。ママは私が目の前にいるとリキくんの気が散るといけないと思って、私を連れて物陰に隠れて撮影の様子を見ていたわ。心なしかママの横顔が哀しげだった……。

今回はＫｉｎＫｉ Ｋｉｄｓの新曲「ボクの背中には羽根がある」のプロモーション・ビデオ撮り。歌の一番はリキくんで、二番は私で撮影されたの。でも私の映る部分はほんの少し。ほとんど演技らしい演技も要求されなかったし。プロモーション・ビデオっていうのはあんまりフルコースで流れることは少ないの。スポットにしても、一番のサビ部分が使われるのがほとんどだし。だからみんなが目にするのはほとんどリキくんの姿ね。まあ仕方がないよね、ママ。

「この歌本当にいい歌。ママ、大好きだわ」

ママが私をいたわるかのようにさりげなく言ったわ。でも、後で聞くとママはちょっと弱気になっていたみたい。日本ペットモデル協会の話では、第三期のペットモデルの募集にはたくさんの柴犬が応募してきたんですって。そうか。私のライバルが多くなった訳だ。瑞穂危うし。

「いやいや、そんなことはない。うちのコロちゃんはクールだけど聞き分けのいい犬だもの」

さすがママ。迷いを振り払うかのように気持ちを奮い立たせているのね。

「今までどの仕事でも、一度やってみるとスタッフの方に感心されてきたじゃない。色々な演技だってパパとママと瑞穂で、三人四脚でがんばってやってきたじゃない。パパが手伝ってくれて複雑な演技も成功させてきたじゃない。まだやりたいことは山ほどあるわ。そうだわ、ぜひ瑞穂主演のドラマをやってみたい……」

私の心にママの声が響いた。

ママ、私の眼を見て、私の心の声を聴いて。

パパとママ、そして私自身を信じて目の前に拡がる道筋を迷わずひた走るわ。


飼い主（ママ）から：コロは道路に面したリビングの出窓でお昼寝するのが大好きです。外を歩く小さな子供たちはコロを楽しみに会いに来てくれます。中には若いお父さんが赤ちゃんを窓の高さまで抱き上げてまるで動物園の動物を見学するかのように窓に近づけて見せています。なんともほほえましいその光景にこちらまでも幸せな気持ちになるから不思議です。出窓に出ていない時などは、「今日はワンちゃんいないねえ」と幼児を連れた若いお母さんのがっかりした声。するとこちらもなんだか申し訳ないような気がして「コロ、出窓」と指差すとコロも急いで飛び乗って出窓から顔を見せています。家の前を通る人がこんなにも楽しみにして喜んでくださるなんて嬉しいことです。コロは今年で七歳を迎えます。女優犬としても油が乗ってきたところですが、いずれ仕事の方も若いワンちゃんにバトンタッチする日が来るでしょう。たとえテレビ局のような華やかなスポットライトを浴びなくても、出窓という小さなステージで太陽のライトを浴びて小さな観客にこんなに喜んでもらえるのですから、私たちはこれで充分だと思っています。

クリスマスも近くなった十二月のある日、小学三年生くらいの女の子に出会いました。コロはその子にむかってお得意の頂戴ポーズをしてみせると「おばちゃん、このワンちゃん何お願いしてるの？」と聞いてきました。その子にはお願いしているように見えたようです。私は「コロちゃんに向かってお願いするとひとつだけお願いが叶うかもしれないよ」とちょっと無責任なことを言ってしまいました。「じゃあ、私ひとつだけお願いしたいことがあるの。クリスマスになるとお友達のうちにはサンタさんが来るけど私のうちだけまだ一度も来たことがないの。どんな小さなプレゼントでもいいからもってきてほしいんだ」コロと私は動きが一瞬止まってしまいました。今時、サンタさんにプレゼントをもらったことのない子供がいるなんて。どんな事情があるのか知りませんが、できるならコロがサンタになってこの子の家に届けてあげたいなと思いました。でもそれ以来その子に会うことはありませんでした。家族にその話をするとパパは次の日浅草橋まで出かけて行き、クリスマスイルミネーション用の電球をたくさん買い込んできました。ママはせっせと出窓にツリーを飾り付けコロはサンタクロースのベストを着てその晩から夜も出窓に立ちました。すると噂が広まりあちらこちらからたくさんの人たちがコロを見にやってきました。「かわいいなあ。置物かな？　ややっ、動いたぞ、本物の犬だ」「ワンワンサンタさーん」などと、大人から子供まで喜ぶ声が聞こえてきます。あの時のあの子も見に来てくれているでしょうか。

パパとママとコロには将来の夢があります。コロは人間に対してどんなに触られてもいやがったり噛み付いたりすることがありません。むしろ喜んでいます。外国での話ですが、小児病院で障害を持った子供がリハビリをするのに犬をうまく利用していました。歩いていく目標の先に犬を置いておくのです。そうすると小さな子供はその犬に触りたくて一生懸命歩いてつらいリハビリも忘れて頑張れるというものでした。また国内でも老人ホームなどでお年寄りが動物に触れることで活力がでたり笑顔を取り戻したりとても良い効果が得られるということをテレビで見たことがあります。コロならできそうな気がします。将来病院や老人ホームをまわってそんなお手伝いができるようになりたいと考えています。少しでも何かのお役にたてればいいなと。

「はい、それでは市毛さん、森本さんにボールを投げてください」

「そのボールを受け取った森本さんは遠くに投げます。それを瑞穂ちゃんが追いかけます」

「あっ、ちょっと太陽を待ちます」

「はい、それでは行きまーす」


えっ、何をしているのかって？

フフ。ドラマよ。春から始まる連続ドラマ。『Pure Soul～君が僕を忘れても～』。永作博美さん、緒形直人さん、市毛良枝さん、森本レオさん、室井滋さんなど豪華メンバーが出揃うヒューマンドラマなの。

今回のオーディションも大変だったのよ。台本の中では大型犬がイメージされていたみたいだったけど、子役のひまわりちゃんが私をとっても気に入ってくれたおかげで決まったの。ひまわりちゃん、ありがとう。瑞穂頑張るからね。

いつまでもくよくよしてなんかいられないわ。いつだって私は私であり続けなくちゃ。

私は女優よ、じ・ょ・ゆ・う……。

推薦のことば

当初、川村さんから本を出版なさると聞き、びっくりしました。初めの頃は、本当に何処にでもいるような「お手、おすわり」しか出来なかった家庭犬だったんです。（川村さん、スミマセン）

それがなんと女優犬として、こんなに有名になるとは思いもしませんでした。だって、最初の頃は、役者さんとお散歩する事や近くに寄られる事さえ嫌がっていたんです。また、側にワンちゃんがいたりすると眉間に不愉快そうにシワを寄せ、バウッと威嚇したり、疲れたら直ぐに帰るポーズをしたりするんです。（笑）

今では撮影本番になると、役者さんや大勢のスタッフのもとに駆け寄り、丁度いい立ち位置をキープする瑞穂ちゃん。その時には、もう情感豊かな、凛々しい日本犬に顔つきが変わっていくのが側で見ていても良く分かります。

その姿は、大スターの風格さえ感じられます。

そのおかげで撮影は無事終了。お仕事に現場で会うたびに成長していて、すっかり女優犬らしくなっていきました。

それは、瑞穂ちゃんだけが頑張っていた訳ではなく、川村さん御一家の努力の賜物だと思います。

決して、殴ったり、叩いたりして厳しくしつけた訳ではなく、根気よく瑞穂ちゃんの気性を理解し、川村さんの仕草や、目の動きで考えを理解できるリレーションシップを築きあげたからだと思います。

最近では、ただかわいいだけではなく、人々の心を動かし、癒すパワーすら持ち始めた（?）不思議な女優犬・瑞穂ちゃん。

まだまだ未開拓分野が多いペットモデル業界です。これから、色々なお仕事が舞い込んでくる事と思いますが瑞穂ちゃんが元気な限り、川村さん御一家と共に芸能活動を続けていければと思います。

瑞穂ちゃんは、日本一（?）世界一（!）幸せな犬。そんな瑞穂ちゃんのハッピーライフは、読んでいるだけで幸せな気分になれるはずです!

日本ペットモデル協会　プロデューサー　小谷ゆみ子

瑞穂の仕事歴

平成11年	写真撮影	ソニー・マガジンズ	川本真琴による写真撮影 音楽雑誌『パチパチ』ソニー・マガジンズの企画
平成12年	TVドラマ 『恋愛中毒』	テレビ朝日	出演：薬師丸ひろ子・鹿賀丈史・宮本裕子・寺脇康文ほか
	TVドラマ 『ハッピー2』	テレビ東京	出演：高岡早紀・高橋英樹・遠藤久美子・加勢大周ほか
	ニュース 『スーパーJチャンネル』	テレビ朝日	「ズーズー図鑑」 ちょうだい犬
	TVCM	グリコ「ポイカジ」	共演：優香
	『女と愛とミステリー 「手のひらの闇」』	テレビ東京	出演：館ひろし・渡瀬恒彦ほか
	CM（ペットケア）	花王	店頭用ビデオ
	『ほんパラ！関口堂書店』	テレビ朝日	女優犬瑞穂の仕事風景を取材撮影
	新聞取材	サンスポ日曜版	ペットタレント
平成13年	再現ドラマ 『スーパーフライデー』	TBS	「元祖！日本の仰天三面記事」
	プロモーションビデオ	ジャニーズ エンターテイメント	KinKi Kids・堂本剛 「ボクの背中には羽根がある」
	CM （日清キャノーラ油）	日清	TVCM
	TVドラマ 『Pure Soul ～君が僕を忘れても～』	日本テレビ	出演：永作博美・緒形直人・市毛良枝・森本レオ・室井滋・光浦靖子ほか
	『はい！テレビ朝日です』	テレビ朝日	女優犬としての訓練風景
	新聞取材	産経新聞 メディックス	高級ブランド品を身につけた犬

【著者プロフィール】

川村　良（かわむら まこと）
1953年生、山形県出身。東邦大学大学院医学研究科修了。医学博士、産婦人科医師。

川村ちえ子
1954年生、短大保育科卒業。7年間の幼稚園教諭を経た後、結婚。専業主婦となる。

コロちゃん女優になる

2001年10月15日　初版第1刷発行
2003年 9 月 5 日　初版第2刷発行

著　者　川村 良・ちえ子
発行者　瓜谷 綱延
発行所　株式会社 文芸社
〒160-0022　東京都新宿区新宿1－10－1
電話　03-5369-3060（編集）
03-5369-2299（販売）

印刷所　株式会社 フクイン

ISBN4-8355-2170-6 C0095